Vimala Jayakumar

Subgrupo I convexo distributivo no grupo I comutativo

Vimala Jayakumar

Subgrupo l convexo distributivo no grupo l comutativo

ScienciaScripts

Imprint
Any brand names and product names mentioned in this book are subject to trademark, brand or patent protection and are trademarks or registered trademarks of their respective holders. The use of brand names, product names, common names, trade names, product descriptions etc. even without a particular marking in this work is in no way to be construed to mean that such names may be regarded as unrestricted in respect of trademark and brand protection legislation and could thus be used by anyone.

Cover image: www.ingimage.com

This book is a translation from the original published under ISBN 978-620-7-45119-7.

Publisher:
Sciencia Scripts
is a trademark of
Dodo Books Indian Ocean Ltd. and OmniScriptum S.R.L publishing group

120 High Road, East Finchley, London, N2 9ED, United Kingdom
Str. Armeneasca 28/1, office 1, Chisinau MD-2012, Republic of Moldova, Europe
Printed at: see last page
ISBN: 978-620-8-13526-3

Conteúdo

INTRODUÇÃO

Neste capítulo, é apresentada uma breve descrição da presente tese. Recordamos também alguns conceitos introdutórios da teoria da rede, da teoria dos grupos, da teoria dos grupos ordenados na rede e da teoria dos ideais.

As construções em grelha desempenham um papel central na teoria da grelha. O trabalho de Garrett Birkhoff, em meados da década de 1930, deu início ao desenvolvimento geral da teoria das redes. A teoria das redes distributivas, sendo a parte principal da atual teoria das redes, muitos matemáticos introduziram vários tipos de elementos que satisfazem certas equações distributivas. Ore, O., em On the Foundation of Abstract Algebra, Ann. of Math, 36 (1935) introduziu e desenvolveu o conceito de elementos distributivos em grelhas, Gratzer, G., e Schmidt, E.T., em Standard Acad. Sci, Hung. 12 (1961), introduziram e caracterizaram elementos padrão em reticulados e Birkhoff, G., "Neutral Elements in General Lattice" introduziu elementos neutros em reticulados. Mais tarde, Birkhoff, G., Gratzer, G., Schmidt E.T., Hashimoto, J., Kinugawa, S., e Iqbalunnisa desenvolveram muitas condições equivalentes para que um elemento de uma rede seja neutro.

Os conceitos de ideal distributivo, ideal padrão e ideal neutro são designados por elemento distributivo, elemento padrão e elemento neutro, respetivamente, na rede ideal $I(L)$ de uma rede L foram introduzidos e estudados por Hashimoto, J., Gratzer, G. e Schmidt, E.T. A teoria das redes distributivas é um dos capítulos mais satisfatórios da teoria das redes. Os reticulados distributivos motivaram muitos resultados da teoria geral dos reticulados.

Esta tese trata principalmente de grupos ordenados em rede comutativa, propriedades de grupos ordenados em rede comutativa, teorema de caraterização de grupos ordenados em rede comutativa, teorema fundamental do homomorfismo, teoremas de isomorfismo, redes de ℓ -ideais num grupo ordenado em rede comutativa, distributivoℓ -ideal, teorema de caraterização para distributivo ℓ -ideal, padrão ℓ -ideal, teorema de caraterização para padrão ℓ -ideal, neutro ℓ -ideal, teorema de caraterização para neutro ℓ -ideal, convexo distributivo ℓ -subgrupos e caraterização para convexo distributivo ℓ -subgrupos.

A tese é composta por seis capítulos.

O Capítulo 1 desenvolve os conceitos básicos de ordens e reticulados, incluindo definições fundamentais, algumas propriedades e teoremas de caraterização.

O Capítulo 2 desenvolve o grupo ordenado de treliça comutativa com definições e diferenças simétricas, mostrando também que as duas definições de grupo ordenado de treliça comutativa são equivalentes e que qualquer grupo comutativo ℓ é um grupo DRL. Para além disso, a álgebra broweriana e o anel booleano são também grupos comutativos ℓ e demonstrou-se que qualquer grupo comutativo ℓ é um grupo de treliça distributiva

O Capítulo 3 apresenta "Extensão de umℓ -grupo comutativo", a ideologia, as Álgebras Browerianas e os anéis Booleanos que podem ser realizados a partir de um ℓ -grupo comutativo por algumas especializações é estudada e alguns dos teoremas são derivados:

No capítulo 4, sob o título " ℓ -ideal", introduz-se ℓ -ideal num ℓ -grupo comutativo G e estabelece-se que G é um ℓ -grupo comutativo e$I(G)$, conjunto de todos os ℓ -idais de

G, então $I(G)$ é uma rede distributiva e se *I* é um ℓ -ideal de um ℓ -grupo comutativo *G*, então G/I é um ℓ -grupo comutativo. Também introduziu o núcleo de um homomorfismo e os teoremas do morfismo - a imagem homomórfica de um ℓ -grupo comutativo *G* é isomórfica a um ℓ -grupo comutativo quociente de *G*.

No capítulo 5, foram introduzidos vários ideais "Distributivo ℓ -ideal, Padrão ℓ -ideal, Neutro ℓ -ideal", tendo sido estabelecidos os conceitos de distributivo, duplamente distributivo ℓ -ideal, padrão, duplamente padrão ℓ -ideal, neutro ℓ -ideal.

No capítulo 6, sob o título "Distributiva convexa ℓ -subgrupo", o principal objetivo do livro é atingido, ou seja, o conceito de distributiva ℓ -ideal para convexa ℓ -subgrupos é generalizado. As propriedades das ℓ -ideias distributivas que são válidas para ℓ -subgrupos convexos distributivos são estabelecidas e alguns dos teoremas importantes são desenvolvidos.

Anotações

Uma série de definições e resultados que são utilizados ao longo da tese. Os símbolos $\leq$, $\not\leq$, $+$, $\cdot$, $-$, $\vee$, $\wedge$ e$*$ designam a inclusão, a não-inclusão, a soma, o produto, a diferença, o menor limite superior, o maior limite inferior e a diferença simétrica numa grelha *L* ou num grupo comutativo ℓ *-grupo G* (sempre que estejam definidos), enquanto os símbolos $\subseteq$, $\bigcup$, $\bigcap$, $\in$, $\notin$ and ϕ designam a inclusão, a união, a intersecção, a pertença, a não pertença e o conjunto vazio. As letras minúsculas *a, b, ...* designam os elementos da grelha *L* ou do grupo comutativo ℓ -group *G* e as letras gregas ,θ ϕ designam a relação de congruência na grelha.

Capítulo 1

PRELIMINARES

Neste capítulo, são apresentados os conceitos básicos de ordens e reticulados, incluindo definições fundamentais, algumas propriedades e teoremas de caraterização.

Definição 1.1:

Seja L um reticulado e a em L. Então

a chama-se um elemento distributivo sef
$a\vee(x\wedge y)=(a\vee x)\wedge(a\vee y)$, para todos os x, y em L.

a é chamado um elemento padrão sef

$x\wedge(a\vee y)=(x\wedge a)\vee(x\wedge y)$, para todos os x, y em L.

a é chamado um elemento neutro sef

$$(a\vee x)\wedge(x\vee y)\wedge(y\vee a)=(a\wedge x)\vee(x\wedge y)\vee(y\wedge a),$$

para todos os x, y em L.

a é designado por elemento duplamente distributivo sef

$a\wedge(x\vee y)=(a\wedge x)\vee(a\wedge y)$, para todos os x, y em L.

a é designado por elemento duplamente normalizado sef

$x\vee(a\wedge y)=(x\vee a)\wedge(x\vee y)$, para todos os x, y em L.

Definição 1.2 :

A relação binária θ numa grelha L é considerada uma relação de congruência se satisfizer o seguinte

(i) θ é reflexivo:

$x\equiv x(\theta)$, para todos os x em L.

(ii) θ é simétrico:

$x\equiv y(\theta)\Rightarrow y\equiv x(\theta)$, para todos os x, y em L.

(iii) θ é transitivo:

$x\equiv y(\theta)$ and $y\equiv z(\theta)\Rightarrow x\equiv z(\theta)$, para todos os x, y, z em L.

(iv) Propriedade de substituição:

$x\equiv x_1(\theta)$ e $y\equiv y_1(\theta)$

$\Rightarrow x\vee y\equiv x_1\vee y_1(\theta)$ e

$x\wedge y\equiv x_1\wedge y_1(\theta)$, para todos os x, x_1, y, y_1 em L.

Teorema 1.1:

Uma relação binária reflexiva e simétrica θ numa grelha *L* é uma relação de congruência se e só se as três propriedades seguintes forem satisfeitas:

(i) $x \equiv y(\theta) \Leftrightarrow x \wedge y \equiv x \vee y(\theta)$

(ii) $x \leq y \leq z,\ x \equiv y(\theta)$ and $y \equiv z(\theta) \Rightarrow x \equiv z(\theta)$

(iii) $x \leq y$ and $x \equiv y(\theta)$

$\Rightarrow x \wedge z \equiv y \wedge z(\theta)$ e $x \vee z \equiv y \vee z(\theta)$

para todos os *x, y, z* em *L*.

Definição 1.3 :

Diz-se que uma rede *L* é distributiva se e só se

$a \vee (b \wedge c) = (a \vee b) \wedge (a \vee c)$, para todos os a, *b, c* em *L*.

Teorema 1.2 :

Em qualquer grelha *L*, são equivalentes as seguintes situações

(i) $a \vee (x \wedge y) = (a \vee x) \wedge (a \vee y)$

(ii) $a \vee x = a \vee y,\ a \wedge x = a \wedge y \Rightarrow x = y$ para todos os *a, x, y* em *L*.

Teorema 1.3:

Numa rede distributiva, cada elemento é distributivo, padrão e neutro.

Definição 1.4 :

Seja *L* uma grelha e $H \subseteq L \times L$, a menor relação de congruência tal que $a \equiv b(\theta_H)$ para todos os (a, b) em *H* é denotada por θ_H.

Definição 1.5 :

Um subconjunto não vazio *J* de uma grelha *L* é considerado um ideal se e só se

(i) *x* em *J* e *y* em $J \Rightarrow x \vee y$ em *J*

(ii) *x* em *J*, *t* em *L* e $t \leq x \Rightarrow t$ em *J*

Seja " a " um elemento de uma grelha *L*. Então o conjunto $\{x \text{ in } L | x \leq a\}$ forma um ideal de *L* é chamado ideal principal gerado por " a " e é denotado por $(a]$.

Teorema 1.4 :

Se L é uma grelha e $I(L)$ *é o conjunto de todos os ideais de L, então* $I(L)$ *é uma grelha, com respeito ao seguinte.*

(i) $I_1 \leq I_2 \Leftrightarrow I_1 \subseteq I_2$

(ii) $I_1 \vee I_2 = \{x \in L \mid x \leq x_1 \vee x_2$, for some x_1 in I_1, x_2 in $I_2\}$

(iii) $I_1 \wedge I_2 = I_1 \cap I_2$, em que I_1 , I_2 em $I(L)$.

Definição 1.6 :

O dual de um ideal é designado por dual ideal ou filtro. Define-se da seguinte forma:

Um subconjunto não vazio F de uma grelha L é designado por filtro se e só se

(i) x em F e y em $F \Rightarrow x \wedge y$ em F

(ii) x em F, y em L e $y \geq x \Rightarrow y$ em F

Seja " a " um elemento de uma grelha L. Então o conjunto $\{x \text{ in } L \mid x \geq a\}$ forma um filtro de L é chamado o filtro principal gerado por " a " e é denotado por $[a)$.

Definição 1.7 :

Um ideal I de uma rede L é chamado ideal distributivo se e só se $I \vee (X \wedge Y) = (I \vee X) \wedge (I \vee Y)$, para todos os X, Y em $I(L)$.

Ou seja, I é um elemento distributivo de $I(L)$.

Definição 1.8 :

Um ideal I de uma rede L é chamado ideal duplamente distributivo se e só se $I \wedge (X \vee Y) = (I \wedge X) \vee (I \wedge Y)$ para todos $X, Y \in I(L)$

Definição 1.9 :

Um ideal I de uma rede L é chamado ideal padrão se e somente se

$$X \wedge (I \vee Y) = (X \wedge I) \vee (X \wedge Y), \text{ para todos os } X,\ Y \text{ em } I(L) .$$

Ou seja, I é um elemento padrão de $I(L)$.

Definição 1.10 :

Um ideal I de uma rede L é chamado ideal duplamente padrão se e somente se $X \vee (I \wedge Y) = (X \vee I) \wedge (X \vee Y)$ para todos $X, Y \in I(L)$

Definição 1.11 :

Um ideal I de uma rede L é chamado ideal neutro sef

$(I \vee X) \wedge (X \vee Y) \wedge (Y \vee I) = (I \wedge X) \vee (X \wedge Y) \vee (Y \wedge I)$ para todos os X, Y em $I(L)$. Ou seja, I é um elemento neutro de $I(L)$.

Observa-se que L é uma rede distributiva

$\Leftrightarrow$ todos os ideais são ideais distributivos, padrão e neutros

Teorema 1.5:

Seja L uma rede e I um ideal de L. As seguintes condições sobre I são equivalentes:

(i) I é um ideal distributivo.

(ii) A relação binária θ_I em L é definida por " $x \equiv y(\theta_I)$ iff $x \vee i = y \vee i$, para algum i em I " é uma relação de congruência.

Teorema 1.6 :

Seja I um ideal de um reticulado L. Então as seguintes condições sobre I são equivalentes :

(i) I é um *ideal* padrão

(ii) A igualdade $(a] \wedge (I \vee (b]) = ((a] \wedge I) \vee ((a] \wedge (b])$ é válida para todos os a, b em L.

(iii) Para qualquer ideal J de L, $I \vee J = \{i \vee j \mid i \text{ in } I,\ j \text{ in } J\}$

(iv) A relação binária θ_I em L definida por " $x \equiv y(\theta_I)$ iff $(x \wedge y) \vee i = x \vee y$ " é uma relação de congruência.

(v) I é um ideal distributivo e para todos os J, K em $I(L)$ tais que $I \vee J = I \vee K$ e $I \wedge J = I \wedge K \Rightarrow J = K$.

Teorema 1.11:

Seja I um ideal de uma rede L. Então as seguintes condições sobre I são equivalentes.

(i) I é um ideal neutro

(ii) Para todos os j, k em L,

$$(I \vee (j]) \wedge ((j] \vee (k]) \wedge ((k] \vee I) = (I \wedge (j]) \vee ((J] \wedge (k]) \vee ((k] \wedge I)$$

(iii) Para todos os J, K em $I(L)$, I, J e K geram um sub-rede distributivo de $I(L)$.

(iv) I é distributiva, I é duplamente distributiva e para todos os J, K em $I(L)$ tais que $I \vee J = I \vee K,\ I \wedge J = I \wedge K \Rightarrow J = K$.

Teorema 1.8 :

Numa rede L

(i) Todo o ideal padrão é um ideal distributivo.

(ii) Todo o ideal neutro é um ideal padrão.

(iii) Todos os ideais padrão e duplamente padrão são ideais neutros.

(iv) Todo o ideal padrão e duplamente distributivo é um ideal neutro.

Definição 1.12 :

Um subconjunto S de uma grelha L é designado por sub-rede convexa se a, b em S

$\Rightarrow [a \wedge b, a \vee b] \subseteq S$

Definição 1.13: Um sub-rede convexa gerada por um subconjunto A de uma rede L é designada por $\langle A \rangle$. Para quaisquer dois subconjuntos não vazios A e B de uma grelha L, define-se que

$$A \vee B = \langle \{a \vee b \mid a \text{ in } A, b \text{ in } B\} \rangle \text{ e}$$

$$A \wedge B = \langle \{a \wedge b \mid a \text{ in } A, b \text{ in } B\} \rangle$$

Ou seja, $A \vee B$ e $A \wedge B$ são subarranjos convexos de L gerados pelos elementos $a \vee b$ e $a \wedge b$ (a em A, b em B), respetivamente.

Teorema 1.9:

Para os sub-relevos convexos A e B de uma rede L, as igualdades

$$A \wedge (B] = (A] \wedge (B] \text{ e}$$

$$\langle A, (B] \rangle = (A] \vee (B]$$

em que $(X]$ representa o ideal gerado pelo subconjunto X de L.

Definição 1.14 :

Um conjunto não vazio G é designado por ℓ -group sef

(i) $(G, +)$ é um grupo

(ii) $(G, \leq)$ é uma rede

(iii) Se $x \leq y$, então $a + x + b \leq a + y + b$, para todos os a, b, x, y em G.

(ou)

$$(a + x + b) \vee (a + y + b) = (a + x \vee y + b)$$

$$(a + x + b) \wedge (a + y + b) = (a + x \wedge y + b),$$

para todos os a, b, x, y em G.

Definição 1.15 :

Seja G um ℓ -grupo comutativo e S um subconjunto não vazio de G. Então S é chamado ℓ -subgrupo convexo de G se

(i) $x, y \in S \Rightarrow x \vee y, x \wedge y, x + y \in S$

(ii) $x \leq z \leq y$ and $x, y \in S \Rightarrow z \in S$

Definição 1.16 :

Um sistema $A=\{A,+,\leq\}$ é designado por grupo ordenado de treliça duplamente residuada ou grupo DRL - se

(i) $(A,+)$ é um grupo abeliano

(ii) $(A,\leq)$ é uma rede

(iii) $b\leq c \Rightarrow a+b\leq a+c$ para todos os a, *b, c* em *A*

(iv) Dados *a, b* em *A*, existe um mínimo elemento $x=a-b$ em *A* tal que $b+x\geq a$

Definição 1.17 :

Uma grelha *L* é designada por grelha residuada se

(i) $(L,\cdot)$ é um ℓ -group

(ii) Dados *a, b* em *L*, existem os maiores *x, y* tais que $bx\leq a$ e $yb\leq a$.

Definição 1.18:

Um conjunto não vazio *B* é chamado de Álgebra Broweriana se e somente se

(i) $(B,\leq)$ é uma rede

(ii) *B* tem um elemento mínimo

(iii) Para cada *a, b* em *B*, existe um mínimo $x=a-b$ em *B* tal que $b\vee x\geq a$

Definição 1.19 :

Um anel $(R,+,\cdot)$ é designado por anel booleano se e só se $a\cdot a=a$, para todo o *a* em *R*.

Um anel booleano *R* é designado por anel booleano com identidade se existir 1 em *R* tal que $1\cdot a=a$, para todo o *a* em *R*.

Definição 1.20 :

Uma álgebra booleana *B* é uma rede complementada distributiva.

Teorema: 1.10

Os dois sistemas seguintes são equivalentes :

1. Álgebra booleana
2. Anel booleano com identidade

Capítulo 2

GRUPO ORDENADO DE TRELIÇA COMUTATIVA

Neste capítulo, são introduzidas duas definições para grupo ordenado de treliça comutativa ou ℓ -grupo comutativo e estabelece-se que são equivalentes. Algumas propriedades do ℓ -grupo comutativo são também deduzidas.

Definição 2.1 :

Um conjunto não vazio G é chamado um grupo ordenado de treliça comutativa se

1. $(G,+)$ é um grupo comutativo
2. $(G,\leq)$ é uma rede
3. $x \leq y \Rightarrow a+x \leq a+y$ para todos os a,x,y em G .

Definição 2.2 :

Um conjunto não vazio G é chamado um grupo ordenado de treliça comutativa se

1. $(G,+)$ é um grupo comutativo
2. $(G,\vee,\wedge)$ é uma rede
3. $a+(x\vee y)=(a+x)\vee(a+y)$

   $a+(x\wedge y)=(a+x)\wedge(a+y)$ para todos os a,x,y em G.

Exemplo:

$(Z_8,\oplus,\leq)$ é um grupo ℓ- comutativo.

Teorema 2.1:

Duas definições de ℓ -grupo comutativo são equivalentes.

Prova:

É suficiente provar que as seguintes são equivalentes.

1. $x\leq y \Rightarrow a+x\leq a+y$ para todos os a,x,y em G.
2. $a+x\vee y=(a+x)\vee(a+y)$

   $a+x\wedge y=(a+x)\wedge(a+y)$ para todos os a,x,y em G.

$(1)\Rightarrow(2)$;

Definir $\vee$ e $\wedge$ em G por $a\vee b=l.u.b$ de a e b

$a\wedge b=g.l.b$ de a e b em que a, b em G.

Sejam a, x, y em G arbitrários.

De seguida, $a+(x\vee y)=a+l.u.b$ de x e y.

$= a+l.u.b$ de $\{x,y\}$

$= l.u.b$ de $\{a+x, a+y\}$

$= l.u.b$ de $a+x$ e $a+y$

$= (a+x)\vee(a+y)$

$a+(x\wedge y)=a+g.l.b$ de x e y

$= a+g.l.b$ de $\{x,y\}$

$= g.l.b$ de $\{a+x, a+y\}$

$= g.l.b$ de $a+x$ e $a+y$

$= (a+x)\wedge(a+y)$

Assim $a+(x\vee y)=(a+x)\vee(a+y)$

$a+(x\wedge y)=(a+x)\wedge(a+y)$ para todos os a, x, y em G.

$(2)\Rightarrow(1)$;

Sejam a, x, y em G arbitrários.

Suponhamos que $x\leq y$. Então $x=x\wedge y$

$\Rightarrow a+x=a+(x\wedge y)$

$=[(a+x)\wedge(a+y)]$

$=[a+x]\wedge[a+y]$

$\Rightarrow a+x\leq a+y$

Assim, $x\leq y\Rightarrow a+x\leq a+y$ para todos os a, b, x, y em G.

Assim, as duas definições de grupo l comutativo são equivalentes.

Teorema 2.2:

Qualquer grupo comutativo ℓ - é um grupo DRL -.

Prova:

Dado que G é um grupo comutativo ℓ -group.

Para provar que G é um grupo DRL -.

É suficiente provar se $a,b\in G$ existe um mínimo x em G tal que $b+x\geq a$.

Sejam a, b em $G\Rightarrow a,-b$ em G

$\Rightarrow a+(-b)$ em G

$\Rightarrow a-b$ em G

Então existe um mínimo $x=a-b$ em G tal que $b+(a-b)=a \geq a$.

Assim, qualquer grupo comutativo ℓ é um grupo DRL.

Teorema 2.3:

Qualquer álgebra broweriana B é um grupo ℓ - comutativo.

Prova:

Dado que B é uma álgebra broweriana.

Para provar que B é um ℓ -grupo comutativo.

É suficiente provar que (i) $(B,+)$ é um grupo comutativo

(ii) $x \leq y \Rightarrow a+x \leq a+y$ para todos os a, x, y em B.

Definir a operação binária + em B, por $a+b=a\vee b$, sendo a, b em B.

Para (i) :

Axioma do fecho: Para todos os a, b em $B \Rightarrow a+b$ em B

Pois, sejam a, b em B arbitrários

$\Rightarrow a\vee b$ em B

$\Rightarrow a+b$ em B

Assim, para todos os a, b em $B \Rightarrow a+b$ em B.

Lei Associativa: $a+(b+c)=(a+b)+c$, para todos os a, b, c em B.

Pois, sejam a, b, c em B arbitrários.

Depois $a+(b+c)=a\vee(b\vee c)$

$=(a\vee b)\vee c$

$=(a+b)+c$

Assim, $a+(b+c)=(a+b)+c$, para todos os a, b, c em B.

Existência de identidade: Existe um mínimo elemento zero em B, tal que $0+a=a+0=a$, para todo a em B.

Pois, seja a em B arbitrário. Claramente 0 em B.

Em seguida, $0+a=0\vee a=a$, $a+0=a\vee o=a$

Assim, $0+a=a+0=a$, para todo a em B.

Existência do inverso: Para cada a em B, existe $-a$ em B tal que $a+(-a)=(-a)+a=0$.

Pois, seja a em $B \Rightarrow 0, a$ em B

$\Rightarrow 0, -a$ em B

$\Rightarrow -a$ em B

Assim, $a+(-a)=(-a)+a=0$, para todos os $a, -a$ em *B*.

Comutativa: $a+b=b+a$ para todos os *a, b* em *B*.

Pois, sejam *a, b* em *B* arbitrários.

Depois $a+b=a\vee b=b\vee a=b+a$

Assim, $a+b=b+a$, para todos os *a, b* em *B*.

Para ii): Sejam a, *x, y* em *B* arbitrários.

Suponhamos que $x\leq y$. Então $x=x\wedge y$

$$\Rightarrow a+x=a+(x\wedge y)=(a+x)\wedge(a+y)$$

$$\Rightarrow a+x\leq a+y$$

Assim, $x\leq y\Rightarrow a+x \leq a+y$, para todos os *a, x, y* em *B*.

Assim, qualquer álgebra broweriana *B* é um grupo comutativo ℓ .

Definição 2.3 :

Sejam *a, b* num grupo comutativo ℓ - grupo *G.* Então $a*b=(a-b)\vee(b-a)$ é chamado a diferença simétrica de *a* e *b*.

Teorema 2.4:

Qualquer anel booleano R é um ℓ *-grupo comutativo.*

Prova:

Dado que *R* é um anel booleano. Provar que *R* é um ℓ -grupo comutativo no que respeita às seguintes operações binárias.

$$a*b=(a-b)\vee(b-a)$$

$$a+b=a*b*ab$$

$$a\vee b=a*b*ab$$

$$a\wedge b=ab$$

É suficiente provar

(1) $(R,\vee,\wedge)$ é uma rede.

(2) $a+(b\vee c)=(a+b)\vee(a+c)$

$a+(b\wedge c)=(a+b)\wedge(a+c)$, para todos os *a, b, c* em *G*.

Para (1):

Lei da Idempotência: $a \vee a = a, a \wedge a = a$ para todo a em R.

Seja a em R arbitrário.

Depois $a \vee a = a * a * (aa)$

$$= a * a * a$$

$$= [(a-a) \vee (a-a)] * a$$

$$= 0 * a = a$$

$$a \wedge a = aa = a$$

Assim, $a \vee a = a$, $a \wedge a = a$, para todo a em R.

Lei Comutativa: $a \vee b = b \vee a, a \wedge b = b \wedge a$ para todos os a, b em R.

Sejam a, b em R arbitrários.

Depois $a \vee b = a * b * ab$

$$= [(a-b) \vee (b-a)] * ab$$

$$= [(b-a) \vee (a-b)] * ba$$

$$= b * a * ba = b \vee a$$

$$a \wedge b = ab$$

$$= ba = b \wedge a$$

Assim, $a \vee b = b \vee a$, $a \wedge b = b \wedge a$ para todos os a, b em R.

Direito Associativo: $a \vee (b \vee c) = (a \vee b) \vee c$

$a \wedge (b \wedge c) = (a \wedge b) \wedge c$ para todos os a, b, c em R.

Sejam a, b, c em R arbitrários.

Depois $a \vee (b \vee c) = a * (b \vee c) * a(b \vee c)$

$$= a * (b * c * bc) * a(b * c * bc)$$

$$= a * b * c * ab * bc * ba * abc \quad (1)$$

$$(a \vee b) \vee c = (a \vee b) * c * (a \vee b)c$$

$$= a * b * ab * c * (a * b * ab)c$$

$$= a * b * c * ab * bc * ba * abc \quad (2)$$

De (1) e (2), $a \vee (b \vee c) = (a \vee b) \vee c$

Também $a \wedge (b \wedge c) = a(bc) = (ab)c$

$$= (a \wedge b) \wedge c$$

Assim $\quad a \vee (b \vee c) = (a \vee b) \vee c$

$a \wedge (b \wedge c) = (a \wedge b) \wedge c$ para todos os *a, b, c* em *R*.

Lei da Absorção: $a \vee (a \wedge b) = a, \ a \wedge (a \vee b) = a$ para todos os *a, b* em *R*.

Sejam *a, b* em *R* arbitrários.

Depois $\quad a \vee (a \wedge b) = a * (a \wedge b) * a(a \wedge b)$

$$= a * ab * a(ab)$$

$$= a * ab * ab$$

$$= a * 0 = a$$

$$a \wedge (a \vee b) = a(a \vee b)$$

$$= a(a * b * ab)$$

$$= aa * ab * a(ab)$$

$$= a * ab * (aa)\,b$$

$$= a * ab * ab$$

$$= a * 0 = a$$

Assim, , $a \vee (a \wedge b) = a \ \ a \wedge (a \vee b) = a$, para todos os *a, b* em *R*.

Para (2) : $a + (b \vee c) = (a + b) \vee (a + c)$

$a + (b \wedge c) = (a + b) \wedge (a + c)$, para todos os *a, b, c* em *R*.

Sejam *a, b, c* em *R* arbitrários.

Depois $(a + b) \vee (a + c) = (a \vee b) \vee (a \vee c)$

$= [(a \vee b) \vee a\,] \vee c$ (direito associativo)

$= [a \vee (a \vee b)\,] \vee c$, (lei comutativa)

$= (a \vee b) \vee c$, (lei idempotente)

$$= a \vee (b \vee c)$$

$$= a + (b \vee c)$$

Também $a + (b \wedge c) = a + bc$ (1)

$$(a + b) \wedge (a + c) = (a + b)\,(a + c)$$

$$= a\,(a + c) + b\,(a + c)$$

$$= a \wedge (a \vee c) + b(a + c)$$

$$= a + ba + bc$$

$$= a + ab + bc$$

$$= a + bc \qquad (2)$$

De (1) e (2), $a + (b \wedge c) = (a + b) \wedge (a + c)$

Assim $\quad a + (b \vee c) = (a + b) \vee (a + c)$

$a + (b \wedge c) = (a + b) \wedge (a + c)$, para todos os *a, b, c* em *R*.

Por conseguinte, qualquer anel booleano *R* é um *grupo l* comutativo.

Agora, vamos obter algumas propriedades do ℓ -grupo comutativo. "*G*" representa um ℓ -grupo comutativo $G = (G, +, \leq)$ e *a, b, c* representam elementos de *G*.

Propriedade 2.1:

$$[(a - b) \vee 0] + b = a \vee b \text{ } \textit{para todos os a, b em G.}$$

Prova:

Sejam *a, b* em *G* arbitrários. Então

$$[(a - b) \vee 0] + b = b + [(a - b) \vee 0]$$

$$= [b + (a - b)] \vee (b + 0)$$

$$= a \vee b$$

Assim, $[(a - b) \vee 0] + b = a \vee b$, para todos os *a, b* em *G*.

Propriedade 2.2:

$$a \leq b \Rightarrow a - c \leq b - c \text{ e } c - b \leq c - a \text{ ,}$$

para todos os a, b, c em G.

Prova:

Sejam *a, b, c* em *G* arbitrários.

Suponha-se que $a \leq b \Rightarrow a \vee b = b, \ a \wedge b = a$ (1)

Para provar $a - c \leq b - c, \ c - b \leq c - a$

Afirmamos que $(a - c) \vee (b - c) = (b - c)$

$$(c - b) \vee (c - a) = (c - a)$$

Agora, $(a - c) \vee (b - c) = [(a - c) - (b - c) \vee 0] + (b - c)$, pela propriedade (2.1)

$$= [(a - c - b + c) \vee 0] + b - c$$

$$= [(a - b) \vee 0] + b - c$$

$$= [(a - b) \vee 0 + b] - c$$

$$= (a \vee b) - c$$

$= b - c$, por (1)

$\Rightarrow a - c < b - c$

Também $a \leq b \Rightarrow -b \leq -a$

$\Rightarrow c + (-b) \leq c + (-a)$

$\Rightarrow c - b \leq c - a$

Assim, $a \leq b \Rightarrow a - c \leq b - c$ e $c - b \leq c - a$, para todos os *a, b, c* em *G*.

Propriedade 2.3:

$(a \vee b) - c = (a - c) \vee (b - c)$, *para todos os a, b, c em G.*

Prova:

Sejam *a, b, c* em *G* arbitrários. Então

$[(a - c) \vee (b - c)] + c$

$= c + [(a - c) \vee (b - c)]$

$= [c + (a - c)] \vee [c + (b - c)]$

$= a \vee b$

Assim, $(a - c) \vee (b - c) = (a \vee b) - c$ para todos os *a, b, c* em *G*.

Propriedade 2.4:

$a - (b \vee c) = (a - b) \wedge (a - c)$ *para todos os a, b, c em G.*

Prova:

Sejam *a, b, c* em *G* arbitrários.

Temos $b, c \leq b \vee c$

$\Rightarrow -(b \vee c) \leq -b, -c$

$\Rightarrow a - (b \vee c) \leq a - b, a - c$

$\Rightarrow a - (b \vee c) \leq (a - b) \wedge (a - c)$ (1)

Também $[(a - b) \wedge (a - c)] + (b \vee c) = ([(a - b) \wedge (a - c)] + b)$

$\vee [(a - b) \wedge (a - c)] + c$

$\leq [(a - b) + b] \vee [(a - c) + c]$

$= a \vee a = a$

$\Rightarrow (a - b) \wedge (a - c) \leq a - (b \vee c)$ (2)

De (1) e (2), $a - (b \vee c) = (a - b) \wedge (a - c)$ para todos os *a, b, c* em *G*.

Propriedade 2.5:

$$a-(b\wedge c)=(a-b)\vee(a-c) \text{ para todos os } a, b, c \text{ em } G.$$

Prova:

Sejam *a, b, c* em *G* arbitrários.

Para provar $a-(b\wedge c)=(a-b)\vee(a-c)$

Assumir $b\le c$

$$\Rightarrow -c\le -b$$

$$\Rightarrow a-c\le a-b$$

$$\Rightarrow (a-b)\vee(a-c)\le(a-b)\vee(a-b)$$

$$\Rightarrow (a-b)\vee(a-c)\le(a-b)$$

$\Rightarrow (a-b)\vee(a-c)\le a-(b\wedge c)$, uma vez que $b\le c$ (1)

Também $$(b\wedge c)+[(a-b)\vee(a-c)]=[(a-b)\vee(a-c)]+(b\wedge c)$$

$$=[(a-b)\vee(a-c)+b]\wedge$$

$$[(a-b)\vee(a-c)+c]$$

$$\ge[(a-b)+b]\wedge[(a-c)+c]$$

$$=a\wedge a=a$$

$\Rightarrow (a-b)\vee(a-c)\ge a-(b\wedge c)$ (2)

De (1) e (2) $a-(b\wedge c)=(a-b)\vee(a-c)$ para todos os *a, b, c* em *G.*

Propriedade 2.6:

$$(b\wedge c)-a=(b-a)\wedge(c-a) \text{ para todos os } a, b, c \text{ em } G.$$

Prova:

Sejam *a, b, c* em *G* arbitrários.

Para provar $(b\wedge c)-a=(b-a)\wedge(c-a)$

Agora, $[(b-a)\wedge(c-a)]+a$

$$=a+[(b-a)\wedge(c-a)]$$

$$=[a+(b-a)]\wedge[a+(c-a)]$$

$$=b\wedge c$$

Assim, $(b-a)\wedge(c-a)=(b\wedge c)-a$ para todos os *a, b, c* em *G.*

Propriedade 2.7:

$$a\ge b\Rightarrow (a-b)+b=a, \text{ para todos os } a, b \text{ em } G.$$

Prova:

Sejam *a, b* em *G* arbitrários.

Assumir que $a \geq b$

$$\Rightarrow a-b \geq 0$$

$$\Rightarrow (a-b) \vee 0 = a-b \qquad (1)$$

$\Rightarrow [(a-b) \vee 0] + b = a \vee b$, pela propriedade (2.1)

$\Rightarrow (a-b) + b = a \vee b$, por (1)

$\Rightarrow (a-b) + b = a$, uma vez que $a \geq b$

Assim, $a \geq b \Rightarrow (a-b) + b = a$, para todos os *a, b* em *G*.

Propriedade 2.8:

$a \vee b + a \wedge b = a + b$, *para todos os a, b em G.*

Prova:

Sejam *a, b, c* em *G* arbitrários.

Então $c - (a \wedge b) = (c-a) \vee (c-b)$, pela propriedade 2.5

Colocando $c = a + b$, obtemos

$$(a+b) - (a \wedge b) = (a+b-a) \vee (a+b-b)$$

$$\Rightarrow (a+b) - (a \wedge b) = b \vee a$$

$$\Rightarrow (a+b) - (a \wedge b) = a \vee b$$

$$\Rightarrow a \vee b + a \wedge b = a + b$$

Assim, $a \vee b + a \wedge b = a + b$, para todos os *a, b* em *G*.

Propriedade 2.9:

$(a-b) \vee 0 + a \wedge b = a$, *para todos os a, b em G.*

Prova:

Sejam *a, b* em *G* arbitrários. Então

$a - (a \wedge b) = (a-a) \vee (a-b)$, por propriedade 2.5

$$= 0 \vee (a-b)$$

$$= (a-b) \vee 0 \qquad (1)$$

Temos $a = (a-b) + b$, onde $a \geq b$, pela propriedade 2.7

$= [a-(a \wedge b)]+(a \wedge b)$, uma vez que $a \geq b$

$= [(a-b) \vee 0]+(a \wedge b)$, por (1)

Assim, $[(a-b) \vee 0]+a \wedge b = a$ para todos os *a, b* em *G*.

Propriedade 2.10:

$$a \vee b - a \wedge b = (a-b) \vee (b-a) \text{ para todos os } a, b \text{ em } G.$$

Prova:

Sejam *a, b* em *G* arbitrários. Então

$a \vee b - a \wedge b = [(a \vee b)-a] \vee [(a \vee b)-b]$, por propriedade 2.5

$= [(a-a) \vee (b-a)] \vee [(a-b) \vee (b-b)]$, por propriedade 2.3

$= [0 \vee (b-a)] \vee [(a-b) \vee 0]$

$= (a-b) \vee (b-a)$

Assim, $a \vee b - a \wedge b = (a-b) \vee (b-a)$, para todos os *a, b* em *G*.

Propriedade 2.11:

(i) $a-(b-c) \leq (a-b)+c$

(ii) $(a+b)-c \leq (a-c)+b$ *para todos os a, b, c em G*

Prova:

Sejam *a, b, c* em *G* arbitrários.

Afirmamos que $[a-(b-c)] \vee [(a-b)+c] = (a-b)+c$

$[(a+b)-c] \vee [(a-c)+b] = (a-c)+b$ para todos os *a, b, c* em *G*.

Agora,

(i) $[a-(b-c)] \vee [(a-b)+c]$

$= [\, [a-(b-c)]-[(a-b)+c] \vee 0 \,]+(a-b)+c$, pela propriedade 2.1

$= [(a-b+c-a+b-c) \vee 0]+(a-b)+c$

$= (a-b)+c$

$\Rightarrow a-(b-c) \leq (a-b)+c$

(ii) $[(a+b)-c] \vee [(a-c)+b]$

$= [\, [(a+b)-c]-[(a-c)+b\,] \vee 0 \,]+[\,(a-c)+b]$, pela propriedade 2.1

$= [(a+b-c-a+c-b) \vee 0]+[(a-c)+b] = (a-c)+b$

Assim

(i) $a-(b-c)\leq(a-b)+c$

(ii) $(a+b)-c\leq(a-c)+b$ para todos os *a, b, c* em *G*

Propriedade 2.12:

Se (i) $a\wedge b=0$ *e* $a\wedge c=0$ *então* $a\wedge(b+c)=0$

(ii) $a\vee b=0$ *e* $a\vee c=0$ *depois* $a\vee(b+c)=0$ *, para todos os a, b, c em G.*

Prova:

Para (i) Sejam *a, b, c* em *G* arbitrários. Suponha-se que $a\wedge b=0$ e $a\wedge c=0$

Para provar $a\wedge(b+c)=0$ .Como *a, b, c* são positivos, temos

$a\wedge(b+c)\geq 0$ (1)

Também $0=0+0$

$=(a\wedge b)+(a\wedge c)$

$=((a\wedge b)+a)\wedge((a\wedge b)+c)$

$=((a+a)\wedge(a+b))\wedge((c+a)\wedge(c+b))$

$\geq a\wedge a\wedge a\wedge(c+b)$, uma vez que $a+a,\ a+b,\ c+a$ contém todos *a*.

$\geq a\wedge(b+c)$

Isto é $a\wedge(b+c)\leq 0$ (2)

De (1) e (2), $a\wedge(b+c)=0$

Para (ii): Sejam *a, b, c* em *G* arbitrários. Suponha-se que $a\vee b=0$ e $a\vee c=0$.

Para provar $a\vee(b+c)=0$. Como *a, b, c* são positivos, temos

$a\vee(b+c)\geq 0$ (3)

Também $0=0+0$

$=(a\vee b)+(a\vee c)$

$=[(a\vee b)+a]\vee[(a\vee b)+c]$

$=(a+a)\vee(b+a)\vee(a+c)\vee(b+c)$

$\geq a\vee a\vee a\vee(b+c)$

$=a\vee(b+c)$

De (3) e (4) $a\vee(b+c)=0$ para todos os *a, b, c* em *G*.

Teorema 2.5 :

Qualquer ℓ -grupo comutativo é uma rede distributiva.

Prova:

Dado que G é um grupo comutativo ℓ -group.

Para provar que G é um reticulado distributivo.

É suficiente provar

$a \vee x = a \vee y,\ \ a \wedge x = a \wedge y$ implica $x = y$ para todos os x, y em G.

Sejam a, x, y em G arbitrários.

Suponha-se que $a \vee x = a \vee y,\ \ a \wedge x = a \wedge y$ (1)

Temos, pela propriedade 2.8

$a + b - a \wedge b = a \vee b$, (2) Tomando $b = x$ em (2), obtemos

$$a + x - a \wedge x = a \vee x$$

$$\Rightarrow x = a \vee x + a \wedge x - a \qquad (3)$$

$$= a \vee y + a \wedge y - a \quad \text{, por (1)}$$

$$= y \quad \text{, por (3)}$$

Assim, $a \vee x = a \vee y,\ \ a \wedge x = a \wedge y \Rightarrow x = y$

para todos os a, x, y em G.

Capítulo 3

EXTENSÃO DE UM GRUPO ℓ - COMUTATIVO

A relação entre o ℓ -grupo comutativo, a álgebra de Brower e o anel booleano é estudada neste capítulo. Além disso, estabelece-se a ideia de que "o ℓ -grupo comutativo é um produto direto de uma álgebra de Brower e de um ℓ -grupo".

Para começar,

Teorema 3.1:

Se G é um ℓ -grupo comutativo e $a+b=a\vee b$ para cada a, b em G, existe um mínimo elemento x em G tal que $b\vee x=b+x\geq a$ então G é uma álgebra Broweriana.

Prova:

Por dado, temos

(i) $(G,\leq)$ é uma rede.

(ii) G tem um elemento mínimo 0

(iii) Para cada *a, b* em G existe um mínimo elemento x em G tal que $b\vee x=b+x\geq a$

Assim, G é uma álgebra broweriana.

Teorema 3.2:

Se G é um grupo comutativo ℓ e $(G,\leq,-)$ é uma álgebra broweriana, então $a+b=a\vee b$, para todos os a, b em G.

Prova:

Dado que G é um ℓ -grupo comutativo e uma álgebra de Brower.

Para provar $a+b=a\vee b$ para todos os *a, b* em G.

Sejam *a, b* em G arbitrários.

$\Rightarrow$ existe um mínimo elemento $x=a-b$ em G tal que $b\vee x\geq a$

Temos $y\vee(x-y)=y\vee x$ (1)

$\Rightarrow a\vee(a-a)=a\vee a$

$\Rightarrow a\vee 0=a$

$\Rightarrow$ 0 é o menor elemento.

Pela propriedade 2.8, $a+b=a\vee b+a\wedge b=a\vee b$ (2)

Pela propriedade 2.8, $a+b-a\vee b=a\wedge b\leq a\leq a\vee b$

$$\Rightarrow a\vee b=(a\vee b)\vee[(a+b)-(a\vee b)]$$

$= (a \vee b) \vee (a+b)$, por (1)

$= a+b$, por (2)

Assim, $a+b = a \vee b$, para todos os *a, b* em *G*.

Proposição 3.1 :

Se *G* é um grupo comutativo ℓ -group então

(i) $a*b \geq 0$

(ii) $a*b=0 \Leftrightarrow a=b$

(iii) $a*b=b*a$

(iv) $(a \vee b)*(a \wedge b)=a*b$ para todos os *a, b* em *G*.

Prova:

Sejam a, *b* em *G* arbitrários.

Pela propriedade 2.10 temos

$a \vee b - a \wedge b = (a-b) \vee (b-a) = a*b$

$\Rightarrow a*b = a \vee b - a \wedge b$ (1)

Temos $a \vee b \geq a \wedge b$, para todos os *a, b* em *G*.

$\Rightarrow a \vee b - a \wedge b \geq 0$ (2)

Utilizando (2) em (1) obtemos $a*b \geq 0$

(ii) Suponha que $a*b=0$. Para provar $a=b$

Agora $a*b=0 \Rightarrow a \vee b - a \wedge b = 0$, por (1)

$\Rightarrow a \vee b = a \wedge b$

$\Rightarrow a=b$

Por outro lado, suponha que $a=b$

Para provar $a*b=0$

Agora $a=b \Rightarrow a \vee b = a \wedge b$

$\Rightarrow a \vee b - a \wedge b = 0$

$\Rightarrow a*b=0$, por (1)

(iii) $a*b=(a-b) \vee (b-a)$

$=(b-a) \vee (a-b)$

$=b*a$, para todos os *a, b* em *G*.

(iv) $(a\vee b)*(a\wedge b)=(a\vee b-a\wedge b)\vee(a\wedge b-a\vee b)$

$=[(a-b)\vee(b-a)]\vee[(b-a)\vee(a-b)],$

por propriedade 2.10

$=(a-b)\vee(b-a)$

$=a*b$ para todos os *a, b* em *G*.

Teorema 3.3:

Se a diferença simétrica for associativa num ℓ *-grupo G comutativo, então* $(G,*,\wedge)$ *é um anel booleano e ainda*

$a+b=a\vee b=a*b*(a\wedge b)$

$a-b=a*(a\wedge b)$

para todos os a, b em G.

Prova:

Dado que a diferença simétrica é associativa num grupo ℓ comutativo *G*. Para provar que

1. $(G,*,\wedge)$ é um anel booleano.
2. $a+b=a\vee b=a*b*a\wedge b$

   $a-b=a*a\wedge b$ para todos os *a, b* em *G*.

Para (1)

Lei do fecho: Para todos os *a, b* em $G\Rightarrow a*b$ em *G*.

Pois, sejam *a, b* em *G* arbitrários.

Depois $a*b=(a-b)\vee(b-a)$

Agora *a, b* em $G\Rightarrow a-b,\ b-a$ em *G*

$\Rightarrow(a-b)\vee(b-a)$ em **G**

$\Rightarrow a*b$ em *G*.

Lei associativa: $a*(b*c)=(a*b)*c$ para todos os *a, b, c* em *G*.

Isto decorre por hipótese.

Existência de Identidade: Existe um elemento 0 em *G* tal que $a*0=0*a=a$ para todo *a* em *G*.

Pois, seja *a* em *G* arbitrário.

Como *G* é um grupo ℓ comutativo, temos 0 em *G*.

Por associatividade de $*$, temos

$$a*(a*0)=(a*a)*0=0$$

Por conseguinte, $a*0=a$, pela proposição 3.1

$$(0*a)*a=(0*a)*a=0*0=0$$

$$\Rightarrow 0*a=a$$, pela proposição 3.1

Portanto, $a*0=0*a=a$ para todos os a em G.

Existência de Inversa: Para cada a em G, existe um elemento a em G tal que $a*a=0$

Pois, seja a em G

Depois $a*a=(a-a)\vee(a-a)=0$

Lei comutativa: $a*b=b*a$, para todos os a, b em G.

Pois, sejam a, b em G arbitrários.

Então $a*b=b*a$ para todos os a, b em G, pela proposição 3.1

Por conseguinte, $(G,*)$ é um grupo abeliano.

Lei de fecho em relação a $\wedge$: Para todos os a, b em $G \Rightarrow a\wedge b$ em G

Pois, sejam a, b em G arbitrários.

Então $a\wedge b$ em G, uma vez que G é um ℓ -grupo comutativo.

Lei associativa: $a\wedge(b\wedge c)=(a\wedge b)\wedge c$, para todos os a, b, c em G.

Pois, sejam a, b, c em G arbitrários.

Então $a\wedge(b\wedge c)=(a\wedge b)\wedge c$ para todos os a, b, c em G, uma vez que G é um grupo comutativo ℓ .

Lei distributiva: $a\wedge(b*c)=(a\wedge b)*(a\wedge c)$, $(b*c)\wedge a=(b\wedge a)*(c\wedge a)$ para todos os a, b, c em G.

Pois, sejam a, b, c em G arbitrários.

Para quaisquer x, y temos

$$(x\vee y)*(x\wedge y)=x*y,$$ pela proposição 3.1

Colocando $y=b-a$ e $x=a$ em (1), temos

$$[a\vee(b-a)]*(a\wedge(b-a))=a*(b-a)$$

Pré-multiplicando $a\vee(b-a)$ em ambos os lados, obtemos

$$[a\vee(b-a)]*([a\vee(b-a)]*[a\wedge(b-a)])$$

$$=[a\vee(b-a)]*[a*(b-a)]$$

$$\Rightarrow([a\vee(b-a)]*[a\vee(b-a)])*[a\wedge(b-a)]$$

$$=[a\vee(b-a)]*[a*(b-a)]$$

$$\Rightarrow 0*[a\wedge(b-a)]=[a\vee(b-a)]*[a*(b-a)]$$

$$\Rightarrow\quad [a\wedge(b-a)]=[a\vee(b-a)]*[a*(b-a)] \qquad (2)$$

Uma vez que $a*(b-a)=[a\vee(b-a)]-[a\wedge(b-a)]$, pela propriedade 2.10

$$=(a\vee b)-[a\wedge(b-a)]$$

$$=[(a\vee b)-a]\vee[(a\vee b)-(b-a)]$$, por propriedade 2.5

$$=(b-a)\vee(a\vee b)$$

$$=a\vee b \qquad (3)$$

Assim, $a\wedge(b-a)=0$ (4)

$$\Rightarrow[a\wedge(b-c)]-[(a\wedge b)-c]$$

$$=(a-[(a\wedge b)-c])\wedge[(b-c)-[(a\wedge b)-c]]$$,

por propriedade 2.6

$$=(a-[(a-c)\wedge(b-c)])\wedge[(b-c)-(a-c)]$$,

pela propriedade 2.6 e $a\leq b\Rightarrow a\wedge b=a$

$$=(a-[(a-c)\wedge(b-c)])\wedge[b-(c\vee a)]$$, por propriedade 2.3

$$=(a-[(a-c)\wedge(b-c)])\wedge[(b-c)\wedge(b-a)]$$,por propriedade 2.4

$$<a\wedge(b-a)\wedge(b-c)$$

$$<a\wedge(b-a)\wedge(b-c),$$

$$=0\wedge(b-c)=0$$ por (4)

$$\Rightarrow a\wedge(b-c)<(a\wedge b)-c$$

Mas temos sempre

$(a\wedge b)-c<a\wedge(b-c)$, uma vez que $(a\wedge b)-c=(a-c)\wedge(b-c)<a\wedge(b-c)$

Assim, $a\wedge(b-c)=(a\wedge b)-c$ (5)

Agora, $a\wedge(b*c)=a\wedge[(b-c)\vee(c-b)]$

$$=[a\wedge(b-c)]\vee[a\wedge(c-b)]$$

$$=[(a\wedge b)-c]\vee[(a\wedge c)-b] \quad \text{, por (5)}$$

$$=([(a\wedge b)-a]\vee[(a\wedge b)-c])\vee$$

$$([(a\wedge c)-a]\vee[(a\wedge c)-b])$$

desde $0=a\wedge(b-a)=(a\wedge b)-a$

$0=a\wedge(c-a)=(a\wedge c)-a$

$$=[(a\wedge b)-(a\wedge c)]\vee[(a\wedge c)-(a\wedge b)] \quad \text{, por propriedade 2.5}$$

$$=(a\wedge b)*(a\wedge c)$$

Assim, $a\wedge(b*c)=(a\wedge b)*(a\wedge c)$, para todos os *a, b, c* em *G*

Também, $(b*c)\wedge a=[(b-c)\vee(c-b)]\wedge a$

$$=a\wedge[(b-c)\vee(c-b)]$$

$$=[a\wedge(b-c)]\vee[a\wedge(c-b)]$$

$$=[(a\wedge b)-c]\vee[(a\wedge c)-b]$$

$$=([(a\wedge b)-a]\vee[(a\wedge b)-c])\vee[(a\wedge c)-a]\vee[(a\wedge c)-b]$$

$$\begin{bmatrix}\text{since } 0=a\wedge(b-a)=(a\wedge b)-a\\ 0=a\wedge(c-a)=(a\wedge c)-a\end{bmatrix}$$

$$=[(a\wedge b)-(a\wedge c)]\vee[(a\wedge c)-(a\wedge b)]$$

$$=[(b\wedge a)-(c\wedge a)]\vee[(c\wedge a)-(b\wedge a)]$$

$$=(b\wedge a)*(c\wedge a)$$

Assim, $(b*c)\wedge a=(b\wedge a)*(c\wedge a)$, para todos os *a, b, c* em *G*.

Lei da Idempotência: $a\wedge a=a$, para todo *a* em *G*.

Seja *a* em *G* arbitrário.

Então $a\wedge a=a$, para todo *a* em *G*, uma vez que *G* é um grupo comutativo ℓ

Assim, $(G,*,\wedge)$ é um anel booleano.

Para (2)

Sejam *a, b* em *G* arbitrários.

Depois $a*(a\wedge b)=[a\vee(a\wedge b)]-[a\wedge(a\wedge b)]$

$$=a-a\wedge(a\wedge b)$$

$$=a-(a\wedge b)$$

$$= (a-a) \vee (a-b), \quad \text{por propriedade 2.5}$$

$$= 0 \vee (a-b)$$

$$= a-b$$

Assim, $a-b = a*(a \wedge b)$, para todos os *a, b* em *G*.

Agora $a*0 = a \Rightarrow a \geq 0$

$$\Rightarrow a+a \geq 0+a, 0-a \leq 0-0 \text{ para cada } a.$$

$$\Rightarrow a+a \geq a, 0-a \leq 0 \text{ para cada } a.$$

Também $\quad a+a = (a+a)*0$

$$= (a+a)*(a*a)$$

$$= [(a+a)*a]*a$$

$$= ([(a+a) \vee a] - [(a+a) \wedge a])*a \quad \text{, por propriedade 2.10}$$

$$= [(a+a)-a]*a \quad , \quad \text{uma vez que } a+a \geq a$$

$$= ([(a+a)-a]-a) \vee (a-[(a+a)-a])$$

$$= a-[(a+a)-a]$$

$$\Rightarrow (a+a)-a = (a-[(a+a)-a])-a$$

$$= (a-a)-[(a+a)-a]$$

$$= 0-[(a+a)-a]$$

$$= 0-a \leq 0$$

$$\Rightarrow a+a \leq a$$

Daí que $a+a = a$

Agora, $(a+b)-(a \vee b) = (a+b)-[(a \vee b)+(a \vee b)]$

$$\leq (a-[(a \vee b)+(a \vee b)]+b) \text{, pela propriedade 2.11}$$

$$= [a-(a \vee b)]-(a \vee b)+b$$

$$= [a-(a \vee b)]+[b-(a \vee b)]$$

$$= (a-a) \wedge (a-b)+(b-a) \wedge (b-b) = 0$$

$$\Rightarrow a+b \leq a \vee b \qquad (6)$$

Como $a \geq 0$ e $b \geq 0$ e pela propriedade 2.8, temos

$$a+b = a \vee b + a \wedge b$$

$\Rightarrow a+b \geq a \vee b$ (7)

De (6) e (7) temos $a+b=a \vee b$

Agora, $a*b*(a \wedge b)=a*[b*(b \wedge a)]$

$= a*(b-a)$, pela propriedade 2.10 e pela propriedade 2.5

$=[a \vee (b-a)]-[a \wedge (b-a)]$

$=a \vee b$, por (4)

$=a+b$

Assim, $a+b=a \vee b=a*b*(a \wedge b)$ para todos os *a, b* em *G.*

Teorema 3.4: Teorema de caraterização

Qualquer ℓ *-grupo G comutativo é um produto direto de uma álgebra Broweriana B e de um* ℓ *- grupo S sef*

(i) $(a+b)-(c+c) \geq (a-c)+(b-c)$ *e*

(ii) $(ma+nb)-(a+b) \geq (ma-a)+(nb-b)$

para todos os a, b, c em G e quaisquer números inteiros positivos m, n.

Prova:

Suponha que $(a+b)-(c+c) \geq (a-c)+(b-c)$ (1)

$(ma+nb)-(a+b) \geq (ma-a)+(nb-b)$ (2)

para todos os a, *b, c* em *G* e quaisquer números inteiros positivos *m, n.*

Para provar $G=B \times S$

Sejam a, *b, c* em *G* arbitrários.

$\Rightarrow (a+b)-c \leq (a-c)+b$, pela propriedade 2.11

$\Rightarrow [(a+b)-c]-c \leq [(a-c)+b]-c=(a-c)+(b-c)$

$\Rightarrow (a+b)-(c+c) \leq (a-c)+(b-c)$ (3)

De (1) e (3) obtém-se

$(a+b)-(c+c)=(a-c)+(b-c)$, (4)

Além disso, $(ma+nb)-a \leq (ma-a)+nb$, por propriedade 2.11

$\Rightarrow [(ma+nb)-a]-b \leq [(ma-a)+nb]-b$

$\Rightarrow (ma+nb)-(a+b) \leq (ma-a)+(nb-b)$ (5)

De (2) e (5) temos

$(ma+nb)-(a+b)=(ma-a)+(nb-b)$ (6)

Deixar $B=\{a\ |a+a-a=0\}$

$S=\{a|a+a-a=a\}$

Afirmação 1 : *B* é uma Álgebra Broweriana.

(i) Fechado em relação a $'\vee'$ e$'\wedge'$:

Primeiro afirmamos que se *a está* em *B* então $a+a=a$

Pois, seja *a* em *B* arbitrário.

$\Rightarrow (a+a)-a=0\leq 0$

$\Rightarrow [(a+a)-a]+a\leq 0+a$

$\Rightarrow a+a\leq a$

Agora $0=(a+a)-a\leq(a-a)+a$, por propriedade 2.11

$\Rightarrow 0\leq a$

$\Rightarrow 0+a\leq a+a$

$\Rightarrow a\leq a+a$

Assim, $a+a=a$ (7)

Em seguida, afirmar se para todos os *a, b* em *B* então $a\vee b,\ a\wedge b$ em *B*.

Sejam *a, b* em *B* arbitrários.

Então $(a-b)+(a-b)=(a+a)-(b+b)$ por (4)

$=a-b$ por (7)

$\Rightarrow a-b$ em *B*.

$\Rightarrow (a-b)+b$ em *B*.

$\Rightarrow a\vee b$ em *B*, pela propriedade 2.11

Também $(a+b)-(a\vee b)=(a+b)-[(a\vee b)+(a\vee b)]$, uma vez que $a\vee b$ em *B*

$=[a-(a\vee b)]+[b-(a\vee b)]$, por (4)

$=[(a-a)\wedge(a-b)]+[(b-a)\wedge(b-b)]$

$=[0\wedge(a-b)]+[(b-a)\wedge 0]=0+0$

$\Rightarrow (a+b)-(a\vee b)=0$

$\Rightarrow a+b=a\vee b$

Sejam *a, b* em $B\Rightarrow a+b,\ a\vee b$ em *B*

$\Rightarrow (a+b)-(a\vee b)$ em *B*

$\Rightarrow a \wedge b$ em *B*, pela propriedade 2.8

(ii) $(B, \vee, \wedge)$ **é uma rede:**

Lei de Idempotência: Seja *a* em *B* arbitrário.

Depois $a \vee a = a + a = a$

$$a \wedge a = (a + a) - (a \vee a)$$

$$= (a + a) - a = a$$

Assim, $a \vee a = a$, $a \wedge a = a$, para todo *a* em *B*.

Lei comutativa: Sejam *a, b* em *B* arbitrários.

Depois $a \vee b = a + b = b + a = b \vee a$

$$a \wedge b = (a + b) - (a \vee b)$$

$$= (b + a) - (b \vee a)$$

$$= b \wedge a$$

Assim, $a \vee b = b \vee a$, $a \wedge b = b \wedge a$, para todos os *a, b* em *B*.

Lei associativa: Sejam *a, b, c* em *B* arbitrários.

Depois $a \vee (b \vee c) = a + (b + c)$

$$= (a + b) + c$$

$$= (a \vee b) \vee c$$

$$a \wedge (b \wedge c) = [a + (b \wedge c)] - [a \vee (b \wedge c)]$$

$$= [a + (b \wedge c)] - [a + (b \wedge c)] = 0$$

$$(a \wedge b) \wedge c = [(a \wedge b) + c] - [(a \wedge b) \vee c]$$

$$= [(a \wedge b) + c] - [(a \wedge b) + c] = 0$$

Assim $a \vee (b \vee c) = (a \vee b) \vee c$

e $a \wedge (b \wedge c) = (a \wedge b) \wedge c$ para todos os *a, b, c* em *B*.

Lei da absorção: Sejam *a, b* em *B* arbitrários. Então

$$a \vee (a \wedge b) = a + (a \wedge b)$$

$$= a + [(a + b) - (a \vee b)]$$

$$= a + [(a + b) - (a + b)]$$

$$= a + 0 = a$$

$$a \wedge (a \vee b) = [a + (a \vee b)] - [a \vee (a \vee b)]$$

$$=[a+(a\vee b)]-[(a\vee a)\vee b]$$

$$=a+(a\vee b)-(a\vee b)=a$$

Assim, $a\vee(a\wedge b)=a,\ a\wedge(a\vee b)=a$ para todos os *a, b* em *B*.

Assim, $(B,\vee,\wedge)$ é uma rede.

(iii) *B* tem um elemento mínimo

Seja *a* em *B* arbitrário. Então

$$0=(a+a)-a\leq(a-a)+a\text{, pela propriedade 2.11}$$

$\Rightarrow 0\leq a$, para todo *a* em *B*.

Portanto, *B* tem um elemento mínimo.

(iv) Para cada *a, b* em *B* existe um mínimo elemento $x=a-b$ em *B* tal que $b\vee x\geq a$

Sejam a, *b* em *B* arbitrários.

$\Rightarrow$ existe um elemento mínimo $x=a-b$ em *B*

$\Rightarrow b\vee x=b+x$

$$=b+a-b=a\geq a$$

Assim, para cada *a, b* em *B*, existe um mínimo elemento $x=a-b$ em *B* tal que $b\vee x\geq a$.

Portanto, *B* é uma Álgebra Broweriana.

Afirmação 2 : *S* é um ℓ -group.

(i) $(S,+)$ é um grupo ;

Lei do fecho: Sejam a, *b* em *S* arbitrários. Então

$$[(a+b)+(a+b)]-(a+b)=(2a+2b)-(a+b)$$

$$=(2a-a)+(2b-b)\quad\text{, por (6)}$$

$$=a+b$$

Assim, *a, b* em $S\Rightarrow a+b$ *em S*.

É evidente que'+' é associativo e comutativo em *S*, uma vez que *S* é um subconjunto de *G*.

Existência de Identidade: Existe um elemento 0 em *S* tal que $a+0=0+a=a$ para todo *a* em *S*.

Seja *a* em *S* arbitrário.

Claramente 0 em *S*, uma vez que $0=0+0-0$

Então $a+0=0+a$, para todo a em S.

Existência de Inverso: Para cada a em S existe um elemento $(-a)$ em S tal que $a+(-a)=0$.

Pois, seja a em S arbitrário.

Depois $(-a)+(-a)-(-a)=-a-a+a$

$$=-a$$

$\Rightarrow -a$ em G.

$\Rightarrow a+(-a)=(-a)+a=0$

Assim, $(S,+)$ é um grupo.

(ii) $(\boldsymbol{S}, \vee, \wedge)$ **é uma rede** ;

Sejam a, b em S arbitrários.

$\Rightarrow a,-b,\ b$ em S

$\Rightarrow a-b, b$ em S

$\Rightarrow (a-b)+b$ em S

$\Rightarrow a\vee b$ em S.

Também a, b em $S \Rightarrow a+b,\ a\vee b$ em S

$\Rightarrow (a+b)-(a\vee b)$ em S

$\Rightarrow a\wedge b$ em S.

Lei da Idempotência: $a\vee a=a,\ a\wedge a=a$ para todo a em S.

Seja a em S arbitrário.

Depois $a\vee a=(a-a)+a=a$

$a\wedge a=(a+a)-(a\vee a)$

$=(a+a)-a=a$

Assim, $a\vee a=a,\ a\wedge a=a$ para todos os a em S.

Lei Comutativa: $a\vee b=b\vee a,\ a\wedge b=b\wedge a$ para todos os a, b em S.

Sejam a, b em S arbitrários. Então

$a\vee b=(a+b)-(a\wedge b)$

$=(a+b-a)\vee(a+b-b)=b\vee a$

$a\wedge b=(a+b)-(a\vee b)$

$$=(a+b-a)\wedge(a+b-b)=b\wedge a$$

Assim, $a\vee b=b\vee a$ e $a\wedge b=b\wedge a$ para todos os *a, b* em *S*.

Direito Associativo:

$a\vee(b\vee c)=(a\vee b)\vee c,\ a\wedge(b\wedge c)=(a\wedge b)\wedge c$ para todos os *a, b, c* em *S*.

Sejam a, *b, c* em *S* arbitrários.

Depois $a\vee(b\vee c)=[a-(b\vee c)]+b\vee c$

$$=a-(b\vee c)+b\vee c=a$$

$$(a\vee b)\vee c=[(a\vee b)-c]+c$$

$$=(a\vee b)-c+c$$

$$=a\vee b$$

$$=(a-b)+b=a$$

Assim, $a\vee(b\vee c)=(a\vee b)\vee c$, para todos os *a, b, c* em *S*.

Também $a\wedge(b\wedge c)=[a+(b\wedge c)]-[a\vee(b\wedge c)]$

$$=[a+(b\wedge c)]-([a-(b\wedge c)]+(b\wedge c))$$

$$=a+(b\wedge c)-[a-(b\wedge c)+(b\wedge c)]$$

$$=a+(b\wedge c)-a$$

$$=b\wedge c$$

$$=(b+c)-(b\vee c)$$

$$=(b+c)-[(b-c)+c]$$

$$=b+c-b=c$$

$$(a\wedge b)\wedge c=[(a\wedge b)+c]-[(a\wedge b)\vee c]$$

$$=[(a\wedge b)+c]-([(a\wedge b)-c]+c)$$

$$=(a\wedge b)+c-(a\wedge b)$$

$$=(a\wedge b)+c-(a\wedge b)=c$$

Por conseguinte, $a\wedge(b\wedge c)=(a\wedge b)\wedge c$, para todos os *a, b, c* em *S*.

Lei da Absorção: $a\vee(a\wedge b)=a,\ a\wedge(a\vee b)=a$ para todos os *a, b* em *S*.

Sejam a, *b* em *S* arbitrários.

Depois $a\vee(a\wedge b)=[a-(a\wedge b)]+(a\wedge b)=a$

$$a\wedge(a\vee b)=[a+(a\vee b)]-[a\vee(a\vee b)]$$

$$=[a+(a\vee b)]-[(a\vee a)\vee b]$$

$$=a+(a\vee b)-(a\vee b)=a$$

Assim, $a\vee(a\wedge b)=a,\ a\wedge(a\vee b)=a$, para todos os *a, b* em *S*.

Por conseguinte, $(S,\vee,\wedge)$ é uma rede.

(iii) $(\boldsymbol{a}+\boldsymbol{x}+\boldsymbol{b})\vee(\boldsymbol{a}+\boldsymbol{y}+\boldsymbol{b})=(\boldsymbol{a}+\boldsymbol{x}\vee\boldsymbol{y}+\boldsymbol{b})$

$(\boldsymbol{a}+\boldsymbol{x}+\boldsymbol{b})\wedge(\boldsymbol{a}+\boldsymbol{y}+\boldsymbol{b})=(\boldsymbol{a}+\boldsymbol{x}\wedge\boldsymbol{y}+\boldsymbol{b})$ **para todos os a, *b, x, y* em *S*.**

Sejam a, *b, x, y* em *S* arbitrários. Então

$$(a+x+b)\vee(a+y+b)=[(a+x+b)-(a+y+b)]+(a+y+b)$$

$$=a+x+b$$

$$(a+x\vee y+b)=[a+[(x-y)+y]+b]$$

$$=a+x+b$$

Por conseguinte, $(a+x+b)\vee\ (a+y+b)=(a+x\vee y+b)$ para todos os *a, b, c* em *S*.

Também, $(a+x+b)\wedge(a+y+b)=[(a+x+b)+(a+y+b)-(a+x+b)]$

$$=a+y+b$$

$$(a+x\wedge y+b)=[a+[(x+y)-(x\vee y)]+b]$$

$$=[a+(x+y)-(x-y+y)+b]$$

$$=a+y+b$$

Por conseguinte, $(a+x+b)\wedge(a+y+b)=(a+x\wedge y+b)$ para todos os *a, b, x, y* em *S*.

Alegação 3 : $\boldsymbol{G=B\times S}$

É suficiente provar que para qualquer *a* em *G*,

$y=(a+a)-a$,

$x=a-[(a+a)-a]$ implica *y* em *S* e *x* em *B*.

Agora, $(y+y)-y=[(2a-a)+(2a-a)]-(2a-a)$

$=[(2a+2a)-(a+a)]-(2a-a)$, por (6)

$$=(4a-2a)-(2a-a)$$

$\geq 4a-2a-a$, uma vez que $2a-a\leq a$

$$= a = (a + a) - a = y$$

$$\Rightarrow (y + y) - y \geq y$$

Além disso, $(y + y) - y \leq (y - y) + y$, pela propriedade 2.11

$$= y$$

$$\Rightarrow (y + y) - y \leq y$$

Por conseguinte $(y + y) - y = y$

$\Rightarrow y$ em G

$$y = (a + a) - a \Rightarrow y \leq a$$

$$x \geq 0 \Rightarrow x + x \geq 0 + x = x$$

Agora, $(a - y) + (a - y) = (a + a) - (y + y)$,por (4)

$$= 2a - 2y$$

$$= 2\text{a} - 2(2\text{a} - \text{a})$$

$$= 2a - (4a - 2a)$$

$$\Rightarrow x + x = 2a - (4a - 2a)$$

Temos

$$(4a - 2a) + [a - (2a - a)] = (2a - a) + (2a - a) + [a - (2a - a)]$$

$$\geq (2a - a) + a = 2a$$

$$\Rightarrow (4a - 2a) + [a - (2a - a)] \geq 2a$$

$$\Rightarrow 2a - (4a - 2a) \leq a - (2a - a)$$

$$\Rightarrow x + x \leq x$$

$$\Rightarrow x + x = x$$

$\Rightarrow x$ em B.

Assim, se a está em G, então $a = x + y$ onde x está em B, y está em S.

Agora, deixemos $a = x' + y'$ onde x' em B, y' em S

Depois $a + a = (x' + y') + (x' + y')$

$$= (x' + x') + (y' + y')$$

$= x' + 2y'$, uma vez que x' em B

$$= (x' + y') + y'$$

$$= a + y'$$

$\Rightarrow a+a=a+y'$

$\Rightarrow (a+a)-a=(a+y')-a$

$\Rightarrow [(a+y')-a]-y'=(a+y')-(a+y')=0$

$\Rightarrow (a+y')=a+y'$

$\Rightarrow a+y'-a=y'$

$\Rightarrow (a+a)-a=y'$

Agora $a=x'+y'$

$\Rightarrow a-y'=x'\leq x'$

$\Rightarrow a-y'\leq x'$

Também, $x'-(a-y')\leq(x'-a)+y'$

$=[x'-(x'+y')]+y'=0$

$\Rightarrow x'\leq a-y'$

Assim $x'=a-y'=a-[(a+a)-a]$

Daqui resulta que G é o produto direto de uma álgebra broweriana B e de um ℓ -grupo S.

Inversamente, suponha-se que $G=B\times S$ onde B é uma Álgebra Broweriana e S e ℓ -grupo.

Para provar

(i) $(a+b)-(c+c)\geq(a-c)+(b-c)$

(ii) $(ma+nb)-(a+b)\geq(ma-a)+(nb-b)$

para todos os *a, b, c* em *G* e qualquer par de números inteiros positivos *m, n*.

Sejam a, *b, c* em *S* arbitrários.

(i) Para cada $[(a-c)+(b-c)]$, $(a+b)$ em *B* existe um mínimo $-(c+c)$ em *B* tal que $(a+b)-(c+c)\geq(a-c)+(b-c)$

(ii) Para cada $[(ma-a)+(nb-b)]$, $(ma+nb)$ em *B* existe um mínimo elemento $-(a+b)$ em *B* tal que $(ma+nb)-(a+b)\geq(ma-a)+(nb-b)$, uma vez que *B* é um

Álgebra Broweriana.

$\Rightarrow$ (i) $(a+b)-(c+c)\geq(a-c)+(b-c)$

(ii) $(ma+nb)-(a+b)\geq(ma-a)+(nb-b)$

para todos os *a, b, c* em *G* e qualquer par de números inteiros positivos *m, n*.

Capítulo 4

ℓ - IDEAL

Introduz-se a ideia de ℓ -ideais, quociente comutativo ℓ -grupo. O teorema fundamental do homomorfismo, o primeiro teorema do isomorfismo e o segundo isomorfismo são estabelecidos neste capítulo. Além disso, o conjunto dos ℓ -ideais de um ℓ -grupo comutativo *G* forma uma rede distributiva.

Para começar,

Definição 4.1 :

Seja *G* um ℓ -grupo comutativo e *I* um subconjunto não vazio de *G*. Então *I* é chamado um ℓ -ideal sef

1. *I* é um subgrupo de *G*
2. *I* é um sub-rede de *G*
3. $0 < x < a$ e *a* em *I* implica *x* em *I*

Ou seja, *I* é chamado um ideal ℓ sef

1. *a, b* em *I* implica $a-b$ em *I*
2. *a, b* em *I* implica $a \vee b$, $a \wedge b$ em *I*
3. $0 < x < a$ e *a* em *I* implica *x* em *I*.

Exemplo 4.1:

Cada ideal de treliça de um ℓ -grupo comutativo é um ℓ -ideal.

Teorema 4.1:

Se I_1, I_2 *são dois* ℓ *-ideais de G, então*

(i) $I_1 \vee I_2 = \{x \text{ in } G \mid x \leq x_1 \vee x_2 \text{ for some } x_1 \text{ in } I_1, x_2 \text{ in } I_2\}$ *é um* ℓ *-ideal*

(ii) $I_1 \wedge I_2 = \{x \text{ in } G \mid x \text{ in } I_1 \text{ and } x \text{ in } I_2\}$ *é um* ℓ *-ideal*

(iii) $I_1 + I_2 = \{x \text{ in } G \mid x \leq x_1 + x_2 \text{ for some } x_1 \text{ in } I_1, x_2 \text{ in } I_2\}$ *é um* ℓ *-ideal*

(iv) $I_1 \vee I_2$ *é o mais pequeno* ℓ *-ideal que contém* $I_1 \cup I_2$

Prova:

Para (i) :

Sejam a, *b* em $I_1 \vee I_2$

$\Rightarrow a, b$ em G tal que $a \leq a_1 \vee a_{2,}$ $b \leq b_1 \vee b_2$

para alguns a_1, b_1 em $I_{1,}$ a_2, b_2 *in* I_2

$\Rightarrow a-b, a \vee b, a \wedge b$ em G tal que

$$a-b \leq (a_1 \vee a_2) - (b_1 \vee b_2)$$

$$= [a_1 - (b_1 \vee b_2)] \vee [a_2 - (b_1 \vee b_2)]$$

$$= [(a_1 - b_1) \wedge (a_1 - b_2)] \vee [(a_2 - b_1) \wedge (a_2 - b_2)]$$, por propriedade 2.4

$\leq (a_1 - b_1) \vee (a_2 - b_2)$ com $a_1 - b_1$ em $, I_1$ $a_2 - b_2$ em I_2

$$a \vee b \leq (a_1 \vee a_2) \vee (b_1 \vee b_2)$$

$$= a_1 \vee [a_2 \vee (b_1 \vee b_2)]$$

$$= a_1 \vee [(a_2 \vee b_1) \vee b_2]$$

$$= a_1 \vee [(b_1 \vee a_2) \vee b_2]$$

$$= a_1 \vee [b_1 \vee (a_2 \vee b_2)]$$

$= (a_1 \vee b_1) \vee (a_2 \vee b_2)$ para alguns $a_1 \vee b_1$ em $, I_1$ $a_2 \vee b_2$ em I_2 .

$$a \wedge b \leq (a_1 \vee a_2) \wedge (b_1 \vee b_2)$$

$$= [(a_1 \vee a_2) \wedge b_1] \vee [(a_1 \vee a_2) \wedge b_2]$$

$$= [b_1 \wedge (a_1 \vee a_2)] \vee [b_2 \wedge (a_1 \vee a_2)]$$

$$= [(b_1 \wedge a_1) \vee (b_1 \wedge a_2)] \vee [(b_2 \wedge a_1) \vee (b_2 \wedge a_2)]$$

$\leq (a_1 \wedge b_1) \vee (a_2 \wedge b_2)$ com $a_1 \vee b_1$ em $, I_1$ $a_2 \vee b_2$ em I_2 .

$\Rightarrow a-b, a \vee b, a \wedge b$ em $I_1 \vee I_2$

Sejam $0 < x < a$ e a em $I_1 \vee I_2$

$\Rightarrow 0 < x < a$ e a em G tal que $a \leq a_1 \vee a_2$ para algum a_1 em $, I_1$ a_2 em I_2 .

$\Rightarrow x$ em G tal que $x \leq a_1 \vee a_2$, para alguns a_1 em $, I_1$ a_2 em I_2 .

$\Rightarrow x$ em $I_1 \vee I_2$

Assim, $I_1 \vee I_2$ é um ℓ -ideal.

Para ii) :

Sejam a, b em $I_1 \wedge I_2$

$\Rightarrow a, b$ em I_1 e a, b em I_2

$\Rightarrow a - b, a \vee b, a \wedge b$ em I_1 e

$a - b, a \vee b, a \wedge b$ em I_2

$\Rightarrow a - b, a \vee b, a \wedge b$ em $I_1 \wedge I_2$

Sejam $0 < x < a$ e a em $I_1 \wedge I_2$

$\Rightarrow 0 < x < a$ e (a em I_1 e a em I_2)

$\Rightarrow (0 < x < a$ and a in $I_1)$ e $(0 < x < a$ and a in $I_2)$

$\Rightarrow x$ in I_1 and x in I_2

$\Rightarrow x$ in $I_1 \wedge I_2$

Por conseguinte $I_1 \wedge I_2$ é um ℓ -ideal de G.

Para a alínea iii) :

Sejam a , b em $I_1 + I_2$

$\Rightarrow a, b$ em G tal que $a \leq a_1 + a_2$, $b \leq b_1 + b_2$

para alguns a_1, b_1 em , I_1 a_2, b_2 em I_2

$\Rightarrow a - b,\ a \vee b,\ a \wedge b$ em G tal que

$a - b \leq (a_1 + a_2) - (b_1 + b_2) = (a_1 - b_1) + (a_2 - b_2)$

com $a_1 - b_1$ em , I_1 $a_2 - b_2$ em I_2

$a \vee b \leq (a_1 + a_2) \vee (b_1 + b_2)$

$\leq [(a_1 \vee b_1) + (a_2 \vee b_2)] \vee [(a_1 \vee b_1) + (a_2 \vee b_2)]$

$= (a_1 \vee b_1) + (a_2 \vee b_2)$ para alguns $a_1 \vee b_1$ em , I_1 $a_2 \vee b_2$ em I_2 .

$a \wedge b \leq (a_1 + a_2) \wedge (b_1 + b_2)$

$\leq a_1 + a_2$ para alguns a_1 em , I_1 a_2 em I_2

$\Rightarrow a - b,\ a \vee b,\ a \wedge b$ em $I_1 + I_2$

Sejam $0 < x < a$ e a em $I_1 + I_2$

$\Rightarrow 0 < x < a$ e a em G de tal modo que $a \leq a_1 + a_2$

para alguns a_1 em , I_1 a_2 em I_2

$\Rightarrow x < a_1 + a_2$ para alguns a_1 em , I_1 a_2 em I_2

$\Rightarrow x$ in $I_1 + I_2$

Assim, $I_1 + I_2$ é um ℓ -ideal de G.

Para (iv) :

Suponhamos que $I \supset I_1 \cup I_2$. Então afirmamos que $I_1 \vee I_2 \subset I$

Seja $x \in I_1 \vee I_2$ arbitrário.

$\Rightarrow x \leq x_1 \vee x_2$ para alguns x_1 in I_1 , x_2 em I_2

$\Rightarrow x \leq x_1 \vee x_2$ x_1 in $I_1 \cup I_2 \subset I$, x_2 in $I_1 \cup I_2 \subset I$

$\Rightarrow x \leq x_1 \vee x_2$ $x_1 \vee x_2$ in I

$\Rightarrow x \in I$

Por conseguinte $I_1 \vee I_2 \subset I$

Assim, $I_1 \vee I_2$ é o mais pequeno ℓ -ideal que contém $I_1 \cup I_2$

Teorema 4.2:

Seja G um grupo comutativo ℓ e $I(G)$, o conjunto de todos os ℓ -ideais de G.

Então $I(G)$ é uma rede.

Prova:

O primeiro a afirmar que $(I(G), \leq)$ é um poset.

Definir uma relação $\leq$ em $I(G)$ por

$I_1 \leq I_2 \Leftrightarrow I_1 \subseteq I_2$ em que I_1, I_2 em $I(G)$.

'$\leq$' **é reflexivo :** $I_1 \leq I_1$ para todos os I_1 em $I(G)$

Pois, seja I_1 em $I(G)$ arbitrário.

Depois $I_1 \subseteq I_1$

$\Rightarrow I_1 \leq I_1$

Assim, $I_1 \leq I_1$ para todos os I_1 em $I(G)$

'$\leq$' **é anti-simétrica:** Se $I_1 \leq I_2$ e $I_2 \leq I_1$ então $I_1 = I_2$ para todo I_1, I_2 em $I(G)$

Pois, seja I_1, I_2 em $I(G)$ arbitrário.

Suponhamos que $I_1 \leq I_2$ e $I_2 \leq I_1$

$\Rightarrow I_1 \subseteq I_2$ e $I_2 \subseteq I_1$

$\Rightarrow I_1 = I_2$

Assim, se $I_1 \leq I_2$ e $I_2 \leq I_1$, então $I_1 = I_2$ para todos os I_1, I_2 em $I(G)$.

'$\leq$' **é transitivo :** Se $I_1 \leq I_2$ e $I_2 \leq I_3$ então $I_1 \leq I_3$ para todo I_1, I_2, I_3 em $I(G)$

Pois, seja I_1, I_2, I_3 em $I(G)$ arbitrário.

Suponhamos que $I_1 \leq I_2$ e $I_2 \leq I_3$

$\Rightarrow I_1 \subseteq I_2$ e $I_2 \subseteq I_3$

$\Rightarrow I_1 \subseteq I_3$

$\Rightarrow I_1 \leq I_3$

Assim, se $I_1 \leq I_2$ e $I_2 \leq I_3$ então $I_1 \leq I_3$ para todos os I_1, I_2, I_3 em $I(G)$.

Assim, $(I(G), \leq)$ é um poset.

Em seguida, afirmar que quaisquer dois elementos em $I(G)$ têm uma $l.u.b$ e uma $g.l.b$ em $I(G)$.

Para que I_1, I_2 em $I(G)$ seja arbitrário.

$\Rightarrow I_1, I_2$ são ℓ -ideais de G

$\Rightarrow I_1 \vee I_2, I_1 \wedge I_2$ são ℓ -ideais de G, pelo teorema anterior

$\Rightarrow I_1 \vee I_2, I_1 \wedge I_2$ em $I(G)$ (1)

Temos o site $I_1 \subseteq I_1 \vee I_2$, $I_2 \subseteq I_1 \vee I_2$

$\Rightarrow I_1 \leq I_1 \vee I_2$, $I_2 \leq I_1 \vee I_2$ (2)

Suponhamos que I_3 é qualquer outro limite superior de I_1 e I_2 em $I(G)$

$\Rightarrow I_1 \leq I_3$, $I_2 \leq I_3$

$\Rightarrow I_1 \subseteq I_3$, $I_2 \subseteq I_3$

$\Rightarrow I_1 \cup I_2 \subseteq I_3$

$\Rightarrow I_1 \vee I_2 \subseteq I_3$, uma vez que $I_1 \vee I_2$ é o mais pequeno ideal de ℓ que contém $I_1 \cup I_2$.

Assim, , $I_1 \leq I_3$ $I_2 \leq I_3$ implica $I_1 \vee I_2 \leq I_3$ (3)

De (1), (2) e (3) temos dois elementos quaisquer I_1 e I_2 em $I(G)$ tem um $l.u.b\, I_1 \vee I_2$ em $I(G)$.

Temos o site $I_1 \wedge I_2 \subseteq I_1$, $I_1 \wedge I_2 \subseteq I_2$

$\Rightarrow I_1 \wedge I_2 \leq I_1$, $I_1 \wedge I_2 \leq I_2$ (4)

Suponha que I_3 é qualquer outro limite inferior de I_1 e I_2 em $I(G)$

$\Rightarrow I_3 \leq I_1$, $I_3 \leq I_2$

$\Rightarrow I_3 \subseteq I_1$, $I_3 \subseteq I_2$

$\Rightarrow I_3 \wedge I_3 \subseteq I_1 \wedge I_2$

$\Rightarrow I_3 \leq I_1 \wedge I_2$

Assim, , $I_3 \leq I_1$ $I_3 \leq I_2$ implica $I_3 \leq I_1 \wedge I_2$ (5)

De (1), (4) e (5) temos que quaisquer dois elementos I_1 e I_2 em $I(G)$ têm um *g.l.b* $I_1 \wedge I_2$ em $I(G)$.

Assim, $I(G)$ é uma rede.

Teorema 4.3:

$I(G)$ O conjunto de todos os ℓ -ideais de um ℓ -grupo comutativo é uma rede distributiva.

Prova:

Do teorema anterior $I(G)$ é uma rede.

Em seguida, afirmar que $I_1 \vee (I_2 \wedge I_3) = (I_1 \vee I_2) \wedge (I_1 \vee I_3)$ para todos os I_1, I_2, I_3 em $I(G)$.

Pois, se I_1, I_2, I_3 em $I(G)$ for arbitrário, então temos

$$I_1 \vee (I_2 \wedge I_3) \leq (I_1 \vee I_2) \wedge (I_1 \vee I_3) \quad (1)$$

Seja x em $(I_1 \vee I_2) \wedge (I_1 \vee I_3)$ arbitrário.

$\Rightarrow x$ em $I_1 \vee I_2$ e x em $I_1 \vee I_3$

$\Rightarrow x \leq a_1 \vee a_2$ e $x \leq a_3 \vee a_4$

em que a_1, a_3 in , I_1 a_2 in , I_2 a_4 in I_3 .

$\Rightarrow x \leq a \vee a_2$ e $x \leq a \vee a_4$ em que $a = a_1 \vee a_3$

$\Rightarrow x \leq (a \vee a_2) \wedge (a \vee a_4)$

$= a \vee [a_2 \wedge a_4]$ com a em , I_1 $a_2 \wedge a_4$ em $I_2 \wedge I_3$

$\Rightarrow x$ em $I_1 \vee (I_2 \wedge I_3)$

Por conseguinte, $(I_1 \vee I_2) \wedge (I_1 \vee I_3) \leq I_1 \vee (I_2 \wedge I_3)$ (2)

De (1) e (2) obtém-se

$$I_1 \vee (I_2 \wedge I_3) = (I_1 \vee I_2) \wedge (I_1 \vee I_3) \text{ para todos } I_1, I_2, I_3 \text{ em } I(G)$$

Assim, $I(G)$ é uma rede distributiva.

Teorema 4.4:

Se I é um ℓ -ideal de um ℓ -grupo G comutativo, então G/I é um ℓ -grupo comutativo.

Prova:

Dado que G é um ℓ -grupo comutativo. Para provar que G/I é um ℓ -grupo comutativo.

Denotar $G/I=\{a+I|a \text{ in } G\}$

Definir '+', '$\vee$', '$\wedge$' em G/I por

(i) $(a+I)+(b+I)=(a+b)+I$

(ii) $(a+I)\vee(b+I)=(a\vee b)+I$

(iii) $(a+I)\wedge(b+I)=(a\wedge b)+I$

em que $a+I,\ b+I$ em G/I .

Então é fácil verificar que G/I é um ℓ -grupo comutativo

Definição 4.2:

Se I é um ℓ -ideal de um ℓ -grupo G comutativo, então G/I é um ℓ -grupo comutativo relativamente às seguintes operações binárias.

$$(a+I)+(b+I)=(a+b)+I$$

$$(a+I)\vee(b+I)=(a\vee b)+I$$

$$(a+I)\wedge(b+I)=(a\wedge b)+I,$$

em que $a+I, b+I$ em G/I .

Este ℓ -grupo comutativo é chamado ℓ -grupo comutativo quociente.

Definição 4.3 :

Sejam G_1 e G_2 dois grupos comutativos ℓ . Um mapa $\phi: G_1 \to G_2$ é chamado homomorfismo se

(i) $\phi(a+b)=\phi(a)+\phi(b)$

(ii) $\phi(a\vee b)=\phi(a)\vee\phi(b)$

(iii) $\phi(a\wedge b)=\phi(a)\wedge\phi(b)$

para todos os *a, b* em G_1 .

O Kernel de ϕ é K_ϕ definido por $K_\phi=\{x \text{ in } G_1|\phi(x)=0 \text{ in } G_2\}$

Definição 4.4 :

Sejam G_1 e G_2 dois grupos comutativos ℓ . Um mapa $\phi: G_1 \to G_2$ é chamado isomorfismo se

(i) ϕ é um homomorfismo

(ii) ϕ é $1-1$

(iii) ϕ é para.

Teorema 4.5:

Seja $\phi : G_1 \to G_2$ um homomorfismo comutativo de ℓ -grupo e K_ϕ o Kernel de ϕ . Então K_ϕ é um ℓ -ideal de G.

Prova:

(i) Sejam a, *b* em K_ϕ

$\Rightarrow a, b$ em *G* tal que $\phi(a)=0,\ \phi(b)=0$

$\Rightarrow a-b,\ a \vee b,\ a \wedge b$ em *G* tal que

$$\phi(a-b)=\phi[a+(-b)]$$
$$=\phi(a)+\phi(-b)$$
$$=\phi(a)-\phi(b) \ =0-0=0$$
$$\phi(a \vee b)=\phi(a) \vee \phi(b) \ =0 \vee 0=0$$
$$\phi(a \wedge b)=\phi(a) \wedge \phi(b) \ =0 \wedge 0=0$$

$\Rightarrow a-b,\ a \vee b,\ a \wedge b$ em K_ϕ .

(ii) Seja *a* em K_ϕ e $0 < x < a$

$\Rightarrow a$ em G_1 de modo a que $\phi(a)=0$ e $0 < x < a$

$\Rightarrow x$ em G_1 tal que

$$\phi(x)=\phi(x \wedge a)$$
$$=\phi(x) \wedge \phi(a)$$
$$=\phi(x) \wedge 0$$

, *uma* vez que *a* em K_ϕ

$$=0$$

$\Rightarrow x$ em K_ϕ

Assim, K_ϕ é um ℓ -ideal de *G*.

Teorema 4.6:

(*Teorema fundamental de um homomorfismo*)

Seja G um ℓ -grupo comutativo e I um ideal de G. Então o ℓ -grupo comutativo quociente G/I é uma imagem homomórfica de um ℓ -grupo comutativo G. Inversamente, qualquer imagem homomórfica de um ℓ -grupo comutativo G é isomórfica a um ℓ -grupo comutativo quociente de G.

Prova:

Primeira parte:

Dado que G é um ℓ -grupo comutativo e I um ideal de G.

Para provar que G/I é a imagem homomórfica de G.

Definir $f : G \to G/I$ por $f(a) = a + I$, para todos os a em G.

***f* está bem definido :**

Suponha-se que $a = b$, em que a, b em G.

$\Rightarrow a - b = 0$ em I.

$\Rightarrow a + I = b + I$

$\Rightarrow f(a) = f(b)$

***f* é um homomorfismo :**

Sejam a, b em G arbitrários. Então

$$\begin{aligned} f(a+b) &= (a+b)+I \\ &= (a+I)+(b+I) \\ &= f(a)+f(b) \end{aligned}$$

$$\begin{aligned} f(a \vee b) &= (a \vee b)+I \\ &= (a+I)\vee(b+I) \\ &= f(a)\vee f(b) \end{aligned}$$

$$\begin{aligned} f(a \wedge b) &= (a \wedge b)+I \\ &= (a+I)\wedge(b+I) \\ &= f(a)\wedge f(b) \end{aligned}$$

para todos os a , b em G

***f* é onto :**

Pegue em qualquer elemento $a + I$ em G/I

$\Rightarrow a$ em G

$\Rightarrow f(a) = a + I$

Por conseguinte, f é um homomorfismo de G para G/I .

Segunda parte :

Suponha-se que $f : G \to G_1$ é um homomorfismo onto com Kernel $K_\phi = K$.

Então K é um ℓ -ideal de G pelo teorema anterior.

$\Rightarrow G/K$ é um ℓ-grupo comutativo.

Para provar $G/K \cong G_1$

Definir o mapa $\phi : G/K \to G_1$ por $\phi(a+K) = f(a)$, onde $a+K$ em G/K .

ϕ **está bem definido :** $a+K = b+K \Rightarrow \phi(a+K) = \phi(b+K)$

Suponha-se que $a+K = b+K$ onde , $a+K$ $b+K$ em G/K .

$\Rightarrow a-b$ em K

$\Rightarrow f(a-b) = 0$

$\Rightarrow f[(a)+(-b)] = 0$

$\Rightarrow f(a) + f(-b) = 0$

$\Rightarrow f(a) - f(b) = 0$

$\Rightarrow f(a) = f(b)$

$\Rightarrow \phi(a+K) = \phi(b+K)$

ϕ **é um - um :** $\phi(a+K) = \phi(b+K) \Rightarrow a+K = b+K$

Suponha-se que $\phi(a+K) = \phi(b+K)$ onde , $a+K$ $b+K$ em G/K .

$\Rightarrow f(a) = f(b)$

$\Rightarrow f(a) - f(b) = 0$

$\Rightarrow f(a) + f(-b) = 0$

$\Rightarrow f(a-b) = 0$

$\Rightarrow a-b$ em K

$\Rightarrow a+K = b+K$

ϕ **é sobre :**

Veja qualquer a_1 em G_1

$\Rightarrow$ existe a em G tal que $f(a) = a_1$, *uma* vez que f é onto.

$\Rightarrow a+K$ em G/K tal que $\phi(a+K) = f(a) = a_1$

Assim, ϕ é onto.

ϕ **Conservas** $'+', '\vee', '\wedge'$ **:**

Seja $a+K$, $b+K$ em G/K arbitrário. Então

$$\phi[(a+K)+(b+K)]=\phi[(a+b)+K]$$
$$=f(a+b)$$
$$=f(a)+f(b)$$
$$=\phi(a+K)+\phi(b+K)$$
$$\phi[(a+K)\vee(b+K)]=\phi[(a\vee b)+K]$$
$$=f(a\vee b)$$
$$=f(a)\vee f(b)$$
$$=\phi(a+K)\vee\phi(b+K)$$
$$\phi[(a+K)\wedge(b+K)]=\phi[(a\wedge b)+K]$$
$$=f(a\wedge b)$$
$$=f(a)\wedge f(b)$$
$$=\phi(a+K)\wedge\phi(b+K)$$

para todos $a+K$, $b+K$ em G/K

Assim, ϕ é um isomorfismo.

$\Rightarrow G/K\cong G_1$.

Teorema 4.7 : (Teorema do Primeiro Isomorfismo)

Seja $\phi:G\to G_1$ *um homomorfismo de grupo onto* ℓ *com* $K_\phi=S$. *Se* I_1 *é um* ℓ *-ideal de* G_1, *então* $I=\phi^{-1}(I_1)=\{x \text{ in } G|\ \phi(x) \text{ in } I_1\}$ *é um* ℓ *-ideal de* G *e* $S\subset I$. *Inversamente, se I é um* ℓ *-ideal de G contendo S, então*

$I_1=\phi(I)=\{x_1 \text{ in } G_1/x_1=\phi(x), \text{ for some } x \text{ in } I\}$ *é um* ℓ *-ideal de* G_1 *e* $G/I\cong G_1/I_1$.

Além disso, $G/I\cong(G/S)/(I/S)$

Prova:

Primeira parte :

Dado que $\phi:G\to G_1$ é um homomorfismo de grupo ℓ comutativo com $K_\phi=S$ e I_1 é um ℓ -ideal de G_1.

Para provar que $I=\phi^{-1}(I_1)=\{x \text{ in } G|\ \phi(x) \text{ in } I_1\}$ é um ℓ -ideal de G e $S\subset I$.

(i) Sejam *x, y* em *I* arbitrários.

$\Rightarrow x,y$ em G tal que $\phi(x)$, $\phi(y)$ em I_1

$\Rightarrow x-y,\ x\vee y,\ x\wedge y$ em G tal que

$$\phi(x-y)=\phi[x+(-y)]$$

$$=\phi(x)+\phi(-y)$$

$=\phi(x)-\phi(y)$ com $\phi(x)-\phi(y)$ em I_1 .

$\phi(x\vee y)=\phi(x)\vee\phi(y)$ com $\phi(x)\vee\phi(y)$ em I_1 .

$\phi(x\wedge y)=\phi(x)\wedge\phi(y)$ com $\phi(x)\wedge\phi(y)$ em I_1 .

$\Rightarrow x-y,\ x\vee y,\ x\wedge y$ em G tal que

$\phi(x-y), \phi(x\vee y), \phi(x\wedge y)$ em I_1

$\Rightarrow x-y,\ x\vee y,\ x\wedge y$ em I.

(ii) Seja $0< x<a$ e a em I.

$\Rightarrow 0<\phi(x)<\phi(a),\ \phi(a)$ em I_1 .

$\Rightarrow\phi(x)$ em I_1

$\Rightarrow x$ em I_1 .

(iii) Seja x em S arbitrário.

$\Rightarrow x$ em G tal que $\phi(x)=0$, 0 em I_1 .

$\Rightarrow\phi(x)$ em I_1

$\Rightarrow x$ em I

Por conseguinte, $S\subset I$.

Segunda parte :

Dado que $\phi:G\rightarrow G_1$ é um homomorfismo onto, I é um ℓ -ideal de G e

$$I_1=\phi(I)=\{x_1 \text{ in } G_1/x_1=\phi(x), \text{ for some } x \text{ in } I\}$$

Para provar que I_1 é um ℓ -ideal de G_1 .

(i) Seja a_1, b_1 em I_1 arbitrário.

$\Rightarrow a_1, b_1$ em G tal que $a_1=\phi(a), b_1=\phi(b)$ para alguns a, b em I.

$\Rightarrow a_1-b_1,\ a_1\vee b_1,\ a_1\wedge b_1$ em G_1 tal que

$a_1-b_1=\phi(a)-\phi(b)$

$=\phi(a-b)$ com $\phi(a-b)$ em I_1 , $a-b\in I$

$a_1\vee b_1=\phi(a)\vee\phi(b)$

$=\phi(a\vee b)$ com $\phi(a\vee b)$ em I_1 , $a\vee b\in I$

$a_1 \wedge b_1 = \phi(a) \wedge \phi(b)$

$= \phi(a \wedge b)$ com $\phi(a \wedge b)$ em I_1 , $a \wedge b \in I$

$\Rightarrow a_1 - b_1, a_1 \vee b_1, a_1 \wedge b_1$ em I_1 .

Seja $0 < x_1 < a_1$ e a_1 em I_1

$\Rightarrow 0 < x < a$ e a em I

$\Rightarrow x$ em I

$\Rightarrow x_1 = \phi(x)$ em $\phi(I) = I_1$

Por conseguinte, I_1 é um ℓ -ideal de G_1 .

Terceira parte :

Para provar $G/I \cong G_1/I_1$

Definir $g : G/I \to G_1/I_1$ por $g(a+I) = \phi(a) + I$, onde $a + I$ em G/I .

***g* está bem definido :**

Suponha-se que $a + I = b + I$ onde $a + I,\ b + I$ em G/I .

$\Rightarrow a - b$ em I

$\Rightarrow \phi(a-b)$ em I_1

$\Rightarrow \phi(a) - \phi(b)$ em I_1

$\Rightarrow \phi(a) + I_1 = \phi(b) + I_1$

$\Rightarrow g(a+I) = g(b+I)$

Por conseguinte, g está bem definido.

***g* é um - um :**

Suponhamos que $g(a+I) = g(b+I)$

$\Rightarrow \phi(a) + I_1 = \phi(b) + I_1$

$\Rightarrow \phi(a) - \phi(b)$ em I_1

$\Rightarrow \phi(a-b)$ em I_1

$\Rightarrow a - b$ em I

$\Rightarrow a + I = b + I$

Portanto, g é um - um.

***g* é onto :**

Pegue em qualquer elemento $a_1 + I_1$ in G_1/I_1

$\Rightarrow a_1$ em G_1

$\Rightarrow$ existe um elemento a em G tal que $\phi(a) = a_1$,

uma

vez que ϕ é onto.

$\Rightarrow a + I$ em G/I

$\Rightarrow g(a + I) = \phi(a) + I_1 = a_1 + I_1$

Por conseguinte, g é onto.

***g* Conservas** $+, \vee, \wedge$ **:**

Seja $a + I,\ b + I$ em G/I arbitrário .

$$g[(a+I)+(b+I)] = g[(a+b)+I]$$
$$= \phi(a+b)+I_1$$
$$= [\phi(a)+\phi(b)]+I_1$$
$$= (\phi(a)+I_1)+(\phi(b)+I_1)$$
$$= g(a+I)+g(b+I)$$

$$g[(a+I)\vee(b+I)] = g[(a\vee b)+I]$$
$$= \phi(a\vee b)+I_1$$
$$= [\phi(a)\vee\phi(b)]+I_1$$
$$= (\phi(a)+I_1)\vee(\phi(b)+I_1)$$
$$= g(a+I)\vee g(b+I)$$

$$g[(a+I)\wedge(b+I)] = g[(a\wedge b)+I]$$
$$= \phi(a\wedge b)+I_1$$
$$= [\phi(a)\wedge\phi(b)]+I_1$$
$$= (\phi(a)+I_1)\wedge(\phi(b)+I_1)$$
$$= [g(a+I)]\wedge[g(b+I)]$$

para todos $a + I, b + I$ em G/I

Por conseguinte, g é um isomorfismo.

Isto é $G/I \cong G_1/I_1$

Tome $G_1 = G/S$ e $I_1 = I/S$ obtemos $G/I \cong (G/S)/(I/S)$

Teorema 4.8 : (Segundo Teorema do Isomorfismo)

Se I_1 *e* I_2 *são dois* ℓ *-ideais de um grupo comutativo* ℓ *-grupo G, então* $I_1 / I_1 \wedge I_2 \cong I_1 + I_2 / I_2$

Prova:

Dado que I_1 e I_2 são ℓ -ideais de G.

Então $I_1 + I_2$, $I_1 \wedge I_2$ são ℓ -ideais de G.

Para provar $I_1 / I_1 \wedge I_2 \cong I_1 + I_2 / I_2$

Consideremos o mapa $\phi : I_1 \rightarrow I_1 + I_2 / I_2$ por $\phi(a) = a_1 + I_2$ onde a_1 em I_1 .

Afirmamos então que ϕ é um homomorfismo onto bem definido com $Ker\,\phi = I_1 \wedge I_2$.

ϕ **está bem definido :**

Suponha-se que $a_1 = a_2$, em que a_1, a_2 em I_1

$$\Rightarrow a_1 - a_2 = 0 \text{ em } I_2$$

$$\Rightarrow a_1 + I_2 = a_2 + I_2$$

$$\Rightarrow \phi(a_1) = \phi(a_2)$$

Por conseguinte, ϕ está bem definido.

ϕ **é onto :**

Veja qualquer $a + I_2$ em $I_1 + I_2 / I_2$

$$\Rightarrow a \text{ em } I_1 + I_2$$

$\Rightarrow a = a_1 + a_2$ para alguns a_1 em , I_1 a_2 em I_2

$$\Rightarrow a + I_2 = (a_1 + a_2) + I_2$$

$$= (a_1 + I_2) + (a_2 + I_2)$$

$$= a_1 + I_2$$

$$\Rightarrow \phi(a) = a_1 + I_2$$

$$= a + I_2$$

Por conseguinte, ϕ está ligado.

ϕ **é um homomorfismo :**

Seja a_1, b_1 em I_1 arbitrário. Então

$$\begin{aligned}\phi(a_1+b_1)&=(a_1+b_1)+I_2\\&=(a_1+I_2)+(b_1+I_2)\\&=\phi(a_1)+\phi(b_1)\end{aligned}$$

$$\begin{aligned}\phi(a_1\vee b_1)&=(a_1\vee b_1)+I_2\\&=(a_1+I_2)\vee(b_1+I_2)\\&=\phi(a_1)\vee\phi(b_1)\end{aligned}$$

$$\begin{aligned}\phi(a_1\wedge b_1)&=(a_1\wedge b_1)+I_2\\&=(a_1+I_2)\wedge(b_1+I_2)\\&=\phi(a_1)\wedge\phi(b_1)\end{aligned}$$

para todos os a_1, b_1 em I_1 .

Por conseguinte, ϕ é um homomorfismo.

$Ker\,\phi=I_1\wedge I_2$:

Seja a em $I_1\wedge I_2$ arbitrário.

$\Rightarrow a$ em I_1 e a em I_2

$\Rightarrow a$ em I_1 e $a+I_2=I_2$

$\Rightarrow a$ em I_1 tal que $\phi(a)=a+I_2=I_2$

$\Rightarrow a$ em $Ker\,\phi$

Por conseguinte, $I_1\wedge I_2\subseteq Ker\,\phi$ (1)

Inversamente, seja a_1 em $Ker\,\phi$

$\Rightarrow a_1$ em I_1 tal que $\phi(a_1)=$ elemento zero em I_1+I_2/I_2

$\Rightarrow a_1$ em I_1 tal que $\phi(a_1)=I_2$

$\Rightarrow a_1$ em I_1 tal que $a_1+I_2=I_2$

$\Rightarrow a_1$ em I_1 e a_1 em I_2

$\Rightarrow a_1$ em $I_1\wedge I_2$

Por conseguinte, $Ker\,\phi\subseteq I_1\wedge I_2$ (2)

De (1) e (2) obtém-se

$Ker\,\phi=I_1\wedge I_2$

Assim, $\phi: I_1\to I_1+I_2/I_2$ é um homomorfismo onto com $Ker\,\phi=I_1\wedge I_2$

$\Rightarrow {}^{I_1}\!/\!_{I_1\wedge I_2}\cong {}^{I_1+I_2}\!/\!_{I_2}$, pelo teorema 4.6

Capítulo 5

DISTRIBUTIVO ℓ - IDEAL, PADRÃO ℓ - IDEAL, NEUTRO -IDEAL ℓ

O conceito de ideal distributivo, ideal padrão e ideal neutro numa rede foi introduzido e estudado por Gratzer. G e Schmidt E.T. Neste capítulo, introduzimos o ideal distributivo $\ell -$, o ideal duplamente distributivo $\ell -$, o ideal padrão ℓ , o ideal duplamente padrão ℓ e o ideal neutro ℓ num grupo comutativo $\ell - G$ e estabelecemos os teoremas de caraterização e a relação entre eles.

Para começar,

Definição 5.1:

Um ideal $\ell - D$ de um grupo $\ell -$ comutativo G é chamado um ideal $\ell -$ distributivo se

$$D \vee (X \wedge Y) = (D \vee X) \wedge (D \vee Y) \text{ para todos } X, Y \in I(G)$$

Exemplo 5.1 :

Cada $\ell -$ ideal de um grupo $\ell -$ comutativo é um $\ell -$ ideal distributivo

Teorema 5.1:

Se D_1 e D_2 são $\ell -$ ideais distributivos de um grupo $\ell -$ comutativo G, então

(i) $D_1 \vee D_2$ *é um ideal distributivo* $\ell -$

(ii) $D_1 \wedge D_2$ *é um ideal distributivo* $\ell -$

Prova:

Para (i): Basta provar

$$(D_1 \vee D_2) \vee (X \wedge Y) = [(D_1 \vee D_2) \vee X] \wedge [(D_1 \vee D_2) \vee Y]$$ para todos $X, Y \in I(G)$.

Sejam X, Y em $I(G)$ arbitrários. Então

$$\begin{aligned}(D_1 \vee D_2) \vee (X \wedge Y) &= D_1 \vee [D_2 \vee (X \wedge Y)] \\ &= D_1 \vee [(D_2 \vee X) \wedge (D_2 \vee Y)] &&\text{, uma vez que } D_2 \text{ é distributivo} \\ &= [D_1 \vee (D_2 \vee X)] \wedge [D_1 \vee (D_2 \vee Y)] &&\text{, uma vez que } D_1 \text{ é distributivo.} \\ &= [(D_1 \vee D_2) \vee X] \wedge [(D_1 \vee D_2) \vee Y] \end{aligned}$$

para todos $X, Y \in I(G)$

Por conseguinte, $D_1 \vee D_2$ é um ideal distributivo $\ell -$.

Para ii): Basta provar que

$(D_1 \wedge D_2)\vee(X \wedge Y)=[(D_1 \wedge D_2)\vee X]\wedge[(D_1 \wedge D_2)\vee Y]$ para todos $X, Y\in I(G)$

Seja $X, Y\in I(G)$ arbitrário. Então

$$(D_1 \wedge D_2)\vee(X \wedge Y)\leq(D_1 \wedge D_2)\vee X$$

$$(D_1 \wedge D_2)\vee(X \wedge Y)\leq(D_1 \wedge D_2)\vee Y$$

Por conseguinte, $(D_1 \wedge D_2)\vee(X \wedge Y)\leq [(D_1 \wedge D_2)\vee X]\wedge[(D_1 \wedge D_2)\vee Y]$ (1)

Seja $t\in [(D_1 \wedge D_2)\vee X]\wedge[(D_1 \wedge D_2)\vee Y]$ arbitrário.

$\Rightarrow t\in (D_1 \wedge D_2)\vee X$ e $t\in (D_1 \wedge D_2)\vee Y$

$\Rightarrow t\leq d \vee x$ para alguns $d \in D_1 \wedge D_2$, $x\in X$ e

$t\leq d \vee y$ para alguns $d \in D_1 \wedge D_2$, $y\in Y$

$\Rightarrow t\leq d \vee y$ para alguns $d \in D_1 \wedge D_2$, $x=y\in X \wedge Y$

$\Rightarrow t\in (D_1 \wedge D_2)\vee(X \wedge Y)$

Por conseguinte, $[(D_1 \wedge D_2)\vee X]\wedge[(D_1 \wedge D_2)\vee Y]\leq(D_1 \wedge D_2)\vee(X \wedge Y)$ (2)

De (1) e (2) obtém-se

$$(D_1 \wedge D_2)\vee(X \wedge Y)=[(D_1 \wedge D_2)\vee X]\wedge[(D_1 \wedge D_2)\vee Y]$$

para todos $X, Y\in I(G)$

Assim, $D_1 \wedge D_2$ é um ideal distributivo $\ell -$.

Teorema 5.2: ***(Teorema de caraterização para o ideal distributivo*** $\ell -$ ***)***

Seja D um $\ell -$ *ideal de um grupo* $\ell -$ *comutativo G. Então as seguintes condições são equivalentes.*

(i) *D é distributivo.*

(ii) *O mapa* $\phi : X \to D\vee X$ *é um homomorfismo onto de G para* $[D)=\{X \text{ in } I(G)/X \geq D\}$

(iii) *A relação binária* θ_D on $I(G)$ *é definida por* $X\equiv Y(\theta_D)\Leftrightarrow D\vee X = D\vee Y$ *onde X, Y em* $I(G)$ *é uma relação de congruência.*

Prova:

(i)$\Rightarrow$ **(ii) :**

ϕ **preserva** $\vee$ **:**

Sejam *X, Y* em $I(G)$ arbitrários.

Depois $\phi(X \vee Y) = D \vee (X \vee Y)$

$= (D \vee D) \vee (X \vee Y)$

$= D \vee [D \vee (X \vee Y)]$

$= [D \vee (D \vee X)] \vee Y$

$= [(D \vee X) \vee D] \vee Y$

$= (D \vee X) \vee (D \vee Y)$

$= \phi(X) \vee \phi(Y)$

Assim, $\phi(X \vee Y) = \phi(X) \vee \varphi(Y)$, para todos os $X, Y \in I(G)$.

ϕ **preserva** $\wedge$ **:**

Sejam *X, Y* em $I(G)$ arbitrários.

Depois $\phi(X \wedge Y) = D \vee (X \wedge Y)$

$= (D \vee X) \wedge (D \vee Y)$

$= \phi(X) \wedge \phi(Y)$

Assim, $\phi(X \wedge Y) = \phi(X) \wedge \phi(Y)$ para todos $X, Y \in I(G)$

ϕ **é sobre :**

Tomemos qualquer *X* em $[D)$

$\Rightarrow X$ em $I(G)$ tal que $X \geq D$

$\Rightarrow X$ em $I(G)$ tal que $X = D \vee X$

$\Rightarrow \varphi(X) = D \vee X = X$

Assim, para qualquer *X* em $[D)$ existe $X \in I(G)$ tal que $\phi(X) = X$.

Assim, ϕ é um homomorfismo onto.

(ii) $\Rightarrow$ **(iii) :**

Afirmamos que

(1) θ_D é reflexivo

(2) θ_D é simétrico

(3) θ_D é transitivo

(4) Propriedade de substituição

$X \equiv X_1(\theta_D), Y \equiv Y_1(\theta_D)$

$\Rightarrow X \vee Y \equiv X_1 \vee Y_1(\theta_D)$

$X \wedge Y \equiv X_1 \wedge Y_1(\theta_D)$ para todos os X, X_1, Y, Y_1 em $I(G)$.

Para (1): Seja $X \in I(G)$ arbitrário.

Depois $D \vee X = D \vee X$

$\Rightarrow X \equiv X(\theta_D)$

Assim, $X \equiv X(\theta_D)$, para todos os $X \in I(G)$.

Para (2) Seja $X, Y \in I(G)$ arbitrário.

Suponhamos que $X \equiv Y(\theta_D)$

$\Rightarrow D \vee X = D \vee Y$

$\Rightarrow D \vee Y = D \vee X$

$\Rightarrow Y \equiv X(\theta_D)$

Assim, $X \equiv Y(\theta_D) \Rightarrow Y \equiv X(\theta_D)$ para todos os $X, Y \in I(G)$.

Para (3) Seja $X, Y, Z \in I(G)$ arbitrário.

Suponhamos que $X \equiv Y(\theta_D)$ e $Y \equiv Z(\theta_D)$

$\Rightarrow D \vee X = D \vee Y$ e $D \vee Y = D \vee Z$

$\Rightarrow D \vee X = D \vee Z$

$\Rightarrow X \equiv Z(\theta_D)$

Assim, $X \equiv Y(\theta_D)$ e $Y \equiv Z(\theta_D)$ implicam $X \equiv Z(\theta_D)$ para todos os $X, Y, Z \in I(G)$.

Para (4): Seja $X, X_1, Y, Y_1 \in I(G)$ arbitrário.

Suponha-se que $X \equiv X_1(\theta_D)$, $Y \equiv Y_1(\theta_D)$

$\Rightarrow D \vee X = D \vee X_1,\ D \vee Y = D \vee Y_1$

Agora,
$$
\begin{aligned}
D \vee (X \vee Y) &= (D \vee X) \vee Y \\
&= (D \vee X_1) \vee Y \\
&= (X_1 \vee D) \vee Y \\
&= X_1 \vee (D \vee Y) \\
&= (X_1 \vee D) \vee Y_1 \\
&= (D \vee X_1) \vee Y_1 \\
&= D \vee (X_1 \vee Y_1)
\end{aligned}
$$

$D \vee (X \wedge Y) = \phi\,(X \wedge Y)$, por (ii)

$$= \phi(X) \wedge \phi(Y), \text{ por (ii)}$$
$$= (D \vee X) \wedge (D \vee Y)$$
$$= (D \vee X_1) \wedge (D \vee Y_1)$$
$$= \phi(X_1) \wedge \phi(Y_1)$$
$$= D \vee (X_1 \wedge Y_1)$$
$$\Rightarrow X \vee Y \equiv (X_1 \vee Y_1)(\theta_D)$$
$$X \wedge Y \equiv (X_1 \wedge Y_1)(\theta_D)$$

Assim, $X \equiv X_1(\theta_D)$ e $Y \equiv Y_1(\theta_D)$ implicam

$X \vee Y \equiv (X_1 \vee Y_1)(\theta_D)$ e

$X \wedge Y \equiv (X_1 \wedge Y_1)(\theta_D)$ para todos $X, X_1, Y, Y_1 \in I(G)$

Assim, 'θ_D' é uma relação de congruência.

(iii)$\Rightarrow$ (i) :

Alegação: $D \vee (X \wedge Y) = (D \vee X) \wedge (D \vee Y)$ para todos $X, Y \in I(G)$

Seja $X, Y \in I(G)$ arbitrário. Então

$$D \vee X = (D \vee D) \vee X = D \vee (D \vee X)$$
$$D \vee Y = (D \vee D) \vee Y = D \vee (D \vee Y)$$

$\Rightarrow X \equiv (D \vee X)(\theta_D)$, $Y \equiv (D \vee Y)(\theta_D)$

$\Rightarrow X \wedge Y = (D \vee X) \wedge (D \vee Y)(\theta_D)$, por (iii)

$\Rightarrow D \vee (X \wedge Y) = D \vee [(D \vee X) \wedge (D \vee Y)]$, por definição de θ_D .

$\Rightarrow D \vee (X \wedge Y) = (D \vee X) \wedge (D \vee Y)$, uma vez que $D \leq (D \vee X) \wedge (D \vee Y)$

Assim, $D \vee (X \wedge Y) = (D \vee X) \wedge (D \vee Y)$ para todos $X, Y \in I(G)$

Assim, D é um ideal distributivo $\ell-$.

Definição 5.2 :

Um ideal $\ell-$ D de um grupo $\ell-$ comutativo G é chamado ideal $\ell-$ duplamente distributivo se

$$D \wedge (X \vee Y) = (D \wedge X) \vee (D \wedge Y) \text{ para todos } X, Y \in I(G)$$

Teorema 5.3 :

Se D_1 e D_2 são ideais $\ell-$ duplamente distributivos de um grupo $\ell-$ comutativo G, então *(i)* $D_1 \vee D_2$ *é um ideal ℓ – duplamente distributivo*

(ii) $D_1 \wedge D_2$ *é um ideal ℓ – duplamente distributivo*

Prova:

Para (i): Basta provar que

$$(D_1 \vee D_2) \wedge (X \vee Y) = [(D_1 \vee D_2) \wedge X] \vee [(D_1 \vee D_2) \wedge Y]$$

para todos $X, Y \in I(G)$.

Seja $X, Y \in I(G)$ arbitrário.

Temos $X \leq X \vee Y \Rightarrow (D_1 \vee D_2) \wedge X \leq (D_1 \vee D_2) \wedge (X \vee Y)$

$Y \leq X \vee Y \Rightarrow (D_1 \vee D_2) \wedge Y \leq (D_1 \vee D_2) \wedge (X \vee Y)$

Por conseguinte, $[(D_1 \vee D_2) \wedge X] \vee [(D_1 \vee D_2) \wedge Y] \leq (D_1 \vee D_2) \wedge (X \vee Y)$ (1)

Seja $t \in (D_1 \vee D_2) \wedge (X \vee Y)$ arbitrário.

$\Rightarrow t \in (D_1 \vee D_2)$ e $t \in X \vee Y$

$\Rightarrow t \leq d_1 \vee d_2$ para alguns $d_1 \in D_1,\ d_2 \in D_2$ e

$t \leq x \vee y$ para alguns $x \in X,\ y \in Y$

$\Rightarrow t \leq x \vee y$, para alguns $d_1 \vee d_2 = x \in (D_1 \vee D_2) \wedge X$

$d_1 \vee d_2 = y \in (D_1 \vee D_2) \wedge Y$

$\Rightarrow t \in [(D_1 \vee D_2) \wedge X] \vee [(D_1 \vee D_2) \wedge Y]$

Por conseguinte, $(D_1 \vee D_2) \wedge (X \vee Y) \leq [(D_1 \vee D_2) \wedge X] \vee [(D_1 \vee D_2) \wedge Y]$ (2)

De (1) e (2) temos

$$(D_1 \vee D_2) \wedge (X \vee Y) = [(D_1 \vee D_2) \wedge X] \vee [(D_1 \vee D_2) \wedge Y]$$

para todos $X, Y \in I(G)$.

$\Rightarrow D_1 \vee D_2$ é um ideal ℓ – duplamente distributivo.

Para ii): Basta provar que

$$(D_1 \wedge D_2) \wedge (X \vee Y) = [(D_1 \wedge D_2) \wedge X] \vee [(D_1 \wedge D_2) \wedge Y]$$

para todos $X, Y \in I(G)$.

Seja $X, Y \in I(G)$ arbitrário. Então

$$(D_1 \wedge D_2) \wedge (X \vee Y) = D_1 \wedge [D_2 \wedge (X \vee Y)]$$

$$= D_1 \wedge [(D_2 \wedge X) \vee (D_2 \wedge Y)] \quad ,$$

uma vez que D_2 é duplamente distributivo.

$$= [D_1 \wedge (D_2 \wedge X)] \vee [D_1 \wedge (D_2 \wedge Y]$$

uma vez que D_1 é duplamente distributivo.

$$= [(D_1 \wedge D_2) \wedge X] \vee [(D_1 \wedge D_2) \wedge Y]$$

Assim $(D_1 \wedge D_2) \wedge (X \vee Y) = [(D_1 \wedge D_2) \wedge X] \vee [(D_1 \wedge D_2) \wedge Y]$

para todos $X, Y \in I(G)$.

Assim, $D_1 \wedge D_2$ é um ideal $\ell-$ duplamente distributivo.

Teorema 5.4: (Teorema de caraterização para $\ell-$ ideais duplamente distributivos)

Seja D um $\ell-$ ideal de um grupo $\ell-$ comutativo G. Então as seguintes condições são equivalentes.

(i) *D é duplamente distributivo.*

(ii) *O mapa $\phi : X \to D \wedge X$ é um homomorfismo de $I(G)$ para $(D] = \{ X \text{ in } I(G) / X \le D \}$*

(iii) *A relação binária θ_D em $I(G)$ é definida por "$X \equiv Y(\theta_D) \Leftrightarrow D \wedge X = D \wedge Y$ onde $X, Y \in I(G)$" é uma relação de congruência.*

Prova: Segue-se duplamente.

Teorema 5.5 :

Se D é um ideal $\ell-$ num grupo comutativo ordenado de treliça G, então as seguintes afirmações são equivalentes.

(i) *D é um ideal distributivo $\ell-$.*

(ii) *D é um ideal $\ell-$ duplamente distributivo.*

Prova:

Segue-se dos seguintes resultados

(1) $I(G)$ é uma rede distributiva.

(2) Toda a rede distributiva é duplamente distributiva.

Teorema 5.6 :

O conjunto de todos os ideais distributivos de ℓ ou ideais duplamente distributivos de ℓ de um grupo comutativo ordenado em grelha G forma uma sub-rede de $I(G)$.

Prova:

Decorre do Teorema 5.1, 5.3 e 5.5.

Definição 5.3 :

Um ideal $\ell - D$ de um grupo $\ell -$ comutativo G é chamado um ideal $\ell -$ padrão se

$$X \wedge (D \vee Y) = (X \wedge D) \vee (X \wedge Y), \text{ para todos } X, Y \in I(G)$$

Teorema 5.7 : (Teorema de caraterização para o ideal padrão $\ell -$)

Seja D um $\ell -$ ideal de um grupo $\ell -$ comutativo G. Então as seguintes condições são equivalentes.

(i) *D é standard*

(ii) *A relação binária θ_D em $I(G)$ definida por"* $X \equiv Y(\theta_D)$ *iff* $(X \wedge Y) \vee D_1 = X \vee Y$ *, para algum* $D_1 \leq D$*" é uma relação de congruência.*

(iii) *D é distributiva e para todo* $X, Y \in I(G)$

$D \wedge X = D \wedge Y,\ D \vee X = D \vee Y$ *implica* $X = Y$

Prova:

(i)$\Rightarrow$ (ii)

É suficiente provar

1. θ_D é reflexivo
2. θ_D é simétrico
3. $X \equiv Y(\theta_D) \Leftrightarrow X \wedge Y \equiv (X \vee Y)(\theta_D)$
4. $X \leq Y \leq Z,\ X \equiv Y(\theta_D)$ e $Y \equiv Z(\theta_D) \Rightarrow X \equiv Z(\theta_D)$
5. $X \leq Y$ e $X \equiv Y(\theta_D) \Rightarrow X \wedge Z \equiv (Y \wedge Z)(\theta_D)$, $X \vee Z \equiv (Y \vee Z)(\theta_D)$ para todos $X, Y, Z \in I(G)$

Para (1) : Seja $X \in I(G)$ arbitrário.

Então $(X \wedge X) \vee D_1 = X \vee X$, para $X = D_1 \leq D$

$\Rightarrow X \equiv X(\theta_D)$, para todos $X \in I(G)$

Para (2) : Seja $X, Y \in I(G)$ arbitrário.

Suponhamos que $X \equiv Y(\theta_D)$

$\Rightarrow (X \wedge Y) \vee D_1 = X \vee Y$, para alguns $D_1 \leq D$

$\Rightarrow (Y \wedge X) \vee D_1 = Y \vee X$, para alguns $D_1 \leq D$

$\Rightarrow Y \equiv X(\theta_D)$

Assim, $X \equiv Y(\theta_D) \Rightarrow Y \equiv X(\theta_D)$, para todos os $X, Y \in I(G)$

Para (3): Seja $X, Y \in I(G)$ arbitrário.

Depois $X \equiv Y(\theta_D)$

$\Leftrightarrow (X \wedge Y) \vee D_1 = X \vee Y$, para alguns $D_1 \leq D$

$\Leftrightarrow [(X \wedge Y) \wedge (X \vee Y)] \vee D_1 = (X \wedge Y) \vee (X \vee Y)$ para alguns $D_1 \leq D$

$\Leftrightarrow X \wedge Y \equiv (X \vee Y)(\theta_D)$

Assim $X \equiv Y(\theta_D) \Leftrightarrow X \wedge Y \equiv (X \vee Y)(\theta_D)$

Para (4) : Seja $X, Y, Z \in I(G)$ arbitrário.

Suponhamos que $X \leq Y \leq Z$, $X \equiv Y(\theta_D)$ e $Y \equiv Z(\theta_D)$

$\Rightarrow X \leq Y \leq Z$

$(X \wedge Y) \vee D_1 = X \vee Y$, para alguns $D_1 \leq D$ e

$(Y \wedge Z) \vee D_2 = Y \vee Z$, para algum $D_2 \leq D$

$\Rightarrow X \vee D_1 = Y$, para alguns $D_1 \leq D$ e

$Y \vee D_2 = Z$, para algum $D_2 \leq D$.

$\Rightarrow X \vee (D_1 \vee D_2) = (X \vee D_1) \vee D_2$

$= Y \vee D_2$

$= Z$, com $D_1 \vee D_2 \leq D$

$\Rightarrow (X \wedge Z) \vee (D_1 \vee D_2) = X \vee Z$, para algum $D_1 \vee D_2 \leq D$ desde $X \leq Z$.

$\Rightarrow X \equiv Z(\theta_D)$

Assim, $X \leq Y \leq Z$, $X \equiv Y(\theta_D)$ e $Y \equiv Z(\theta_D)$

$\Rightarrow X \equiv Z(\theta_D)$ para todos $X, Y, Z \in I(G)$.

Para (5) : Seja $X, Y, Z \in I(G)$ arbitrário.

Suponhamos que $X \leq Y$ e $X \equiv Y(\theta_D)$

$\Rightarrow (X \wedge Y) \vee D_1 = X \vee Y$, para alguns $D_1 \leq D$ e $X \leq Y$

$\Rightarrow X \vee D_1 = Y$, para alguns $D_1 \leq D$

$X \leq Y \Rightarrow X \vee Z \leq Y \vee Z$

$\Rightarrow [(X \vee Z) \wedge (Y \vee Z)] \vee D_1 = (X \vee Z) \vee D_1$

$= X \vee (Z \vee D_1)$

$= X \vee (D_1 \vee Z)$

$$=(X \vee D_1) \vee Z$$

$$=Y \vee Z$$

$=(X \vee Z) \vee (Y \vee Z)$, para alguns $D_1 \leq D$

$$\Rightarrow X \vee Z \equiv (Y \vee Z)(\theta_D)$$

Também $Y \wedge Z \leq Y = X \vee D_1 \leq X \vee D$, uma vez que $D_1 \leq D$

$$\Rightarrow Y \wedge Z = (Y \wedge Z) \wedge (X \vee D)$$

$$=(Y \wedge Z) \wedge (D \vee X)$$

$=[(Y \wedge Z) \wedge D] \vee [(Y \wedge Z) \wedge X]$, por (i)

$$=[(Y \wedge Z) \wedge D] \vee [(Y \wedge X) \wedge Z]$$

$=[(Y \wedge Z) \wedge D] \vee [(X \wedge Z)]$ desde $X \leq Y$

$$=(X \wedge Z) \vee [(Y \wedge Z) \wedge D]$$

$=(X \wedge Z) \vee D_2$, em que $D_2 = (Y \wedge Z) \wedge D \leq D$

$\Rightarrow [(X \wedge Z) \wedge (Y \wedge Z)] \vee D_2 = (X \wedge Z) \vee (Y \wedge Z)$, com $D_2 \leq D$

$$\Rightarrow X \wedge Z \equiv Y \wedge Z(\theta_D)$$

Assim, θ_D é uma relação de congruência.

(ii)$\Rightarrow$ (iii)

Em primeiro lugar, afirmamos que $D \vee (X \wedge Y) = (D \vee X) \wedge (D \vee Y)$, para todos os $X, Y \in I(G)$

Seja $X, Y \in I(G)$ arbitrário. Então

$$[X \wedge (D \vee X)] \vee D = [X \wedge (X \vee D)] \vee D$$

$$= X \vee D$$

$$=(X \vee X) \vee D$$

$$= X \vee (X \vee D)$$

$$= X \vee (D \vee X)$$

$$[Y \wedge (D \vee Y)] \vee D = [Y \wedge (Y \vee D)] \vee D$$

$$= Y \vee D$$

$$=(Y \vee Y) \vee D$$

$$= Y \vee (Y \vee D)$$

$$=Y\vee(D\vee Y)$$

$$\Rightarrow X\equiv(D\vee X)(\theta_D),\ Y\equiv(D\vee Y)(\theta_D)$$

$$\Rightarrow X\wedge Y\equiv[(D\vee X)\wedge(D\vee Y)](\theta_D), \qquad \text{por (ii)}$$

$$\Rightarrow[(X\wedge Y)\wedge[(D\vee X)\wedge(D\vee Y)]\vee D$$

$$=(X\wedge Y)\vee[(D\vee X)\wedge(D\vee Y)] \quad \text{, por definição de } \theta_D$$

$$\Rightarrow(X\wedge Y)\vee D=(D\vee X)\wedge(D\vee Y),$$

desde $X\wedge Y\leq(D\vee X)\wedge(D\vee Y)$

Assim, $D\vee(X\wedge Y)=(D\vee X)\wedge(D\vee Y)$, para todos os $X,Y\in I(G)$

$\Rightarrow D$ é um distributivo ℓ -ideal.

Em seguida, afirmar que $D\wedge X=D\wedge Y$ e $D\vee X=D\vee Y$, para todos os $X,Y\in I(G)$

$$\Rightarrow X=Y$$

Suponha-se que $D\wedge X=D\wedge Y$ e $D\vee X=D\vee Y$, para todos os $X,Y\in I(G)$

Temos o site $X\equiv(D\vee X)(\theta_D)$, $Y\equiv(D\vee Y)(\theta_D)$

$$\Rightarrow X\wedge Y\equiv[(D\vee X)\wedge(D\vee Y)](\theta_D), \text{por (ii)}$$

$$=[(D\vee X)\wedge(D\vee X)](\theta_D) \quad \text{, uma vez que } D\vee X=D\vee Y$$

$$=(D\vee X)(\theta_D)$$

$$\equiv X(\theta_D) \quad \text{, uma vez que } D\vee X\equiv X(\theta_D)$$

$$\Rightarrow[(X\wedge Y)\wedge X]\vee D_1=[(X\wedge Y)\vee X] \text{ para alguns } D_1\leq D$$

$$\Rightarrow(X\wedge Y)\vee D_1=X, \qquad \text{para alguns } D_1\leq D$$

Também $D_1\leq(X\wedge Y)\vee D_1=X$, $D_1\leq D$

$$\Rightarrow D_1\leq D\wedge X$$

$$\Rightarrow D_1\leq D\wedge Y$$

$$\Rightarrow D_1\leq Y$$

$$D_1\leq X, D_1\leq Y\Rightarrow D_1\leq X\wedge Y$$

$$\Rightarrow(X\wedge Y)\vee D_1=X\wedge Y$$

$$\Rightarrow X=X\wedge Y$$

$$\Rightarrow X\leq Y \qquad (1)$$

Também $\quad X\equiv(D\vee X)(\theta_D),\ Y\equiv(D\vee Y)(\theta_D)$

$$\Rightarrow X\wedge Y\equiv[(D\vee X)\wedge(D\vee Y)](\theta_D)$$

$=(D\vee Y)\wedge(D\vee Y)(\theta_D)$, uma vez que $D\vee Y=D\vee X$

$$=(D\vee Y)(\theta_D)$$

$\equiv Y(\theta_D)$, uma vez que $D\vee Y\equiv Y(\theta_D)$

$$\Rightarrow Y\equiv(X\wedge Y)\ (\theta_D)$$

$\Rightarrow[Y\wedge(X\wedge Y)]\vee D_2=Y\vee(X\wedge Y)$, para alguns $D_2\leq D$

$$\Rightarrow(X\wedge Y)\vee D_2=Y$$

Agora $D_2\leq(X\wedge Y)\vee D_2=Y,\ \ D_2\leq D$

$$\Rightarrow D_2\leq D\wedge Y=D\wedge X$$

$$\Rightarrow D_2\leq X$$

$$D_2\leq X,\ D_2\leq Y\Rightarrow D_2\leq X\wedge Y$$

$$\Rightarrow(X\wedge Y)\vee D_2=X\wedge Y$$

$$\Rightarrow Y=X\wedge Y$$

$$\Rightarrow X\geq Y \tag{2}$$

De (1) e (2) obtém-se $X=Y$

(iii)$\Rightarrow$ (i) :

Alegação: $X\wedge(D\vee Y)=(X\wedge D)\vee(X\wedge Y)$, para todos $X,Y\in I(G)$

Por (iii), basta provar que

$$D\wedge B=D\wedge C \ \text{ e } \ D\vee B=D\vee C$$

em que $B=X\wedge(D\vee Y)$, $C=(X\wedge D)\vee(X\wedge y)$

Seja $X,Y\in I(G)$ arbitrário. Então temos

$$X\wedge D\leq X,\ X\wedge Y\leq X\Rightarrow(X\wedge D)\vee(X\wedge Y)\leq X$$

$$X\wedge D\leq D,\ X\wedge Y\leq Y\Rightarrow(X\wedge D)\vee(X\wedge Y)\leq D\vee Y$$

Claramente $\quad (X\wedge D)\vee(X\wedge Y)\leq\ X\wedge(D\vee Y)$

$$\Rightarrow C\leq B$$

$$\Rightarrow D\wedge C\leq D\wedge B$$

$$D\wedge X\leq D,\ D\wedge X\leq(D\wedge X)\vee(X\wedge Y)=C$$

$$\Rightarrow D \wedge X \leq D \wedge C \leq D \wedge B = D \wedge [X \wedge (D \vee Y)]$$

$$= [D \wedge (D \vee Y)] \wedge X$$

$$= D \wedge X$$

$$\Rightarrow D \wedge B = D \wedge C$$

Também $D \vee B = D \vee [X \wedge (D \vee Y)]$

$= (D \vee X) \wedge [(D \vee (D \vee Y))]$, por (iii)

$= (D \vee X) \wedge [(D \vee D) \vee Y]$

$= (D \vee X) \wedge (D \vee Y)$

$= D \vee (X \wedge Y)$, por (iii)

$= [D \vee (D \wedge X)] \vee (X \wedge Y)$

$= [D \vee (X \wedge D)] \vee (X \wedge Y)$

$= D \vee [(X \wedge D) \vee (X \wedge Y)]$

$= D \vee C$

Assim, temos $D \wedge B = D \wedge C$, $D \vee B = D \vee C$

$\Rightarrow B = C$, por (iii)

$\Rightarrow X \wedge (D \vee Y) = (X \wedge D) \vee (X \wedge Y)$, para todos $X, Y \in I(G)$

Por conseguinte, D é normal.

Teorema 5.8:

ℓ Se D_1 e D_2 são ideais-padrão de um grupo comutativo ℓ G, então $D_1 \vee D_2$, $D_1 \wedge D_2$ são ideais-padrão de G ℓ .

Prova:

ℓ Dado que D_1 e D_2 são ideais-padrão de um grupo comutativo ℓ G. Para provar que (i) $D_1 \vee D_2$ é um ideal-padrão de G ℓ

(ii) $D_1 \wedge D_2$ é uma norma ℓ -ideal de G

Para (i) :

Seja X, Y em $I(G)$ arbitrário.

Depois $X \wedge [(D_1 \vee D_2) \vee Y]$

$= X \wedge [D_1 \vee (D_2 \vee Y)]$

$= (X \wedge D_1) \vee [X \wedge (D_2 \vee Y)]$, uma vez que D_1 é normal

$= (X \wedge D_1) \vee [(X \wedge D_2) \vee (X \wedge Y)]$, uma vez que D_2 é normal

$= [(X \wedge D_1) \vee (X \wedge D_2)] \vee (X \wedge Y)$

$= [X \wedge (D_1 \vee D_2)] \vee (X \wedge Y)$

Assim, $X \wedge [(D_1 \vee D_2) \vee Y] = [X \wedge (D_1 \vee D_2)] \vee (X \wedge Y)$, para todos os $X, Y \in I(G)$

Por conseguinte, $D_1 \vee D_2$ é uma norma ℓ -ideal.

Para ii):

Pelo teorema anterior, é suficiente provar que $\theta_{D_1} \wedge \theta_{D_2} = \theta_{D_1 \wedge D_2}$.

Seja $(X, Y) \in \theta_{D_1 \wedge D_2}$ arbitrário.

$\Rightarrow X \equiv Y(\theta_{D_1 \wedge D_2})$

$\Rightarrow (X \wedge Y) \vee D_3 = X \vee Y$, para alguns $D_3 \leq D_1 \wedge D_2$

$\Rightarrow (X \wedge Y) \vee D_3 = X \vee Y$, para alguns $D_3 \leq D_1$ e

$(X \wedge Y) \vee D_3 = X \vee Y$, para alguns $D_3 \leq D_2$

$\Rightarrow X \equiv Y(\theta_{D_1})$ e $X \equiv Y(\theta_{D_2})$

$\Rightarrow (X, Y) \in \theta_{D_1}$ e $(X, Y) \in \theta_{D_2}$

$\Rightarrow (X, Y) \in \theta_{D_1} \wedge \theta_{D_2}$

Por conseguinte, $\theta_{D_1 \wedge D_2} \subseteq \theta_{D_1} \wedge \theta_{D_2}$ (1)

Seja $(X, Y) \in \theta_{D_1} \wedge \theta_{D_2}$ arbitrário.

$\Rightarrow (X, Y) \in \theta_{D_1}$ e $(X, Y) \in \theta_{D_2}$

$\Rightarrow X \equiv Y(\theta_{D_1})$ e $X \equiv Y(\theta_{D_2})$

$\Rightarrow X \equiv Y(\theta_{D_1}) \Rightarrow (X \wedge Y) \vee A = X \vee Y$, para alguns $A \leq D_1$

$A = A \wedge [A \vee (X \wedge Y)]$

$= A \wedge [(X \wedge Y) \vee A]$

$= A \wedge [X \wedge Y]$

$= [A \wedge (X \wedge Y)](\theta_{D_2})$, uma vez que $X \equiv Y(\theta_{D_2})$, $X \wedge Y = (X \vee Y)(\theta_{D_2})$

$\Rightarrow [A \wedge [A \wedge (X \wedge Y)]] \vee B = A \vee [A \wedge (X \wedge Y)]$, para alguns $B \leq D_2$

$$\Rightarrow [A \wedge (X \wedge Y)] \vee B = A, \text{ para algum } B \leq D_2 \qquad (2)$$

Agora,

$$(X \wedge Y) \vee B = (X \wedge Y) \vee [(X \wedge Y) \wedge A] \vee B, \text{ pelo direito de absorção}$$

$$= (X \wedge Y) \vee [[(X \wedge Y) \wedge A] \vee B]$$

$$= (X \wedge Y) \vee A \quad , \text{por (2)}$$

$$= X \vee Y \quad , \text{por definição de } \theta_{D_1}$$

em que $B \leq D_2$ e $B \leq A \leq D_1$

Assim, $(X \wedge Y) \vee B = X \vee Y$ com $B \leq D_1 \wedge D_2$

$$\Rightarrow X \equiv Y(\theta_{D_1 \wedge D_2})$$

$$\Rightarrow (X, Y) \in \theta_{D_1 \wedge D_2}$$

Por conseguinte, $\theta_{D_1} \wedge \theta_{D_2} \subseteq \theta_{D_1 \wedge D_2}$ (3)

De (1) e (3) $\theta_{D_1 \wedge D_2} = \theta_{D_1} \wedge \theta_{D_2}$

$\Rightarrow D_1 \wedge D_2$ é uma norma ℓ -ideal.

Definição 5.4 :

Uma ℓ -ideal D de um grupo comutativo ℓ -grupo G é designada por ℓ -ideal duplamente normalizada se

$$X \vee (D \wedge Y) = (X \vee D) \wedge (X \vee Y) \text{ para todos } X, Y \in I(G)$$

Teorema 5.9 : (Teorema de caraterização para ℓ -ideal duplamente padrão)

Seja D um ℓ -ideal de um ℓ -grupo comutativo G. Então as seguintes condições são equivalentes.

(i) *D é duplamente normalizado*

(ii) *A relação binária θ_D em $I(G)$ é definida por*

"$X \equiv Y(\theta_D)$ *iff*$(X \vee Y) \wedge D_1 = X \wedge Y$ *para algum* $D_1 \geq D$ " *em que* $X, Y \in I(G)$ *é uma relação de congruência.*

(iii) *D é duplamente distributiva e para todos os* , $X, Y \in I(G)$ $D \wedge X = D \wedge Y$, $D \vee X = D \vee Y$ *implica* $X = Y$.

Prova: Segue-se duplamente.

Teorema 5.10 :

Se D_1 e D_2 são duplamente normais ℓ -ideais de um grupo comutativo ℓ -grupo G, então

(i) $D_1 \vee D_2$ *é uma norma dupla ℓ -ideal*

(ii) $D_1 \wedge D_2$ *é uma norma dupla ℓ -ideal*

Prova:

Para (i) : Seja $X, Y \in I(G)$ arbitrário.

Temos $X \vee [(D_1 \vee D_2) \wedge Y] \leq X \vee (D_1 \vee D_2)$

$X \vee [(D_1 \vee D_2) \wedge Y] \leq X \vee Y$

Por conseguinte, $X \vee [(D_1 \vee D_2) \wedge Y] \leq [X \vee (D_1 \vee D_2)] \wedge (X \vee Y)$ (1)

Seja $t \in [X \vee [(D_1 \vee D_2)] \wedge (X \vee Y)$ arbitrário.

$\Rightarrow t \in X \vee (D_1 \vee D_2)$ e $t \in X \vee Y$

$\Rightarrow t \leq x \vee d$ para alguns $x \in X$, $d \in D_1 \vee D_2$

e $t \leq x \vee y$ para alguns $x \in X$, $y \in Y$

$\Rightarrow t \leq x \vee y$ com $x \in X$, $y = d \in (D_1 \vee D_2) \wedge Y$

$\Rightarrow t \in X \vee [(D_1 \vee D_2) \wedge y]$

Por conseguinte

$[X \vee (D_1 \vee D_2)] \wedge (X \vee Y) \leq X \vee [(D_1 \vee D_2) \wedge Y]$ (2)

De (1) e (2)

$X \vee [(D_1 \vee D_2) \wedge Y] = [X \vee (D_1 \vee D_2)] \wedge (X \vee Y)$, para todos $X, Y \in I(G)$

Por conseguinte, $D_1 \vee D_2$ é um ℓ -ideal duplamente normalizado.

Para ii): Seja $X, Y \in I(G)$ arbitrário.

Depois $X \vee [(D_1 \wedge D_2) \wedge Y] = X \vee [D_1 \wedge (D_2 \wedge Y)]$

$= (X \vee D_1) \wedge [X \vee (D_2 \wedge Y)]$,

uma vez que D_1 é duplamente normalizado

$= (X \vee D_1) \wedge [(X \vee D_2) \wedge (X \vee Y)]$,

uma vez que D_2 é duplamente normalizado

$= [X \vee (D_1 \wedge D_2)] \wedge (X \vee Y)$

Assim, $X \vee [(D_1 \wedge D_2) \wedge Y] = [X \vee (D_1 \wedge D_2)] \wedge (X \vee Y)$, para todos os $X, Y \in I(G)$

$\Rightarrow D_1 \wedge D_2$ é uma norma dupla ℓ -ideal.

Teorema 5.11 :

Num ℓ -grupo G comutativo, os seguintes elementos são equivalentes.

(i) D é uma norma ℓ -ideal

(ii) D é uma norma dupla ℓ -ideal.

Prova:

Decorre dos seguintes resultados.

(1) $I(G)$ é uma rede distributiva.

(2) Numa rede distributiva, cada elemento é normal e duplamente padrão.

Teorema 5.12 :

O conjunto de todos os ideais-padrão ℓ ou duplamente ideais-padrão ℓ de um grupo comutativo ordenado em grelha G forma um sub-rede de $I(G)$.

Prova:

Decorre do Teorema 5.8, 5.10 e 5.11.

Definição 5.5 :

Um ℓ -ideal *D* de um ℓ -grupo *G* comutativo é chamado ℓ -ideal neutro se

$$(D \vee X) \wedge (X \vee Y) \wedge (Y \vee D) = (D \wedge X) \vee (X \wedge Y) \vee (Y \wedge D),$$

para todos $X, Y \in I(G)$.

Teorema 5.13: (Teorema de caraterização para ℓ -ideal neutro)

Seja D um ℓ ideal de um grupo ℓ comutativo G. Então, as seguintes afirmações são equivalentes.

(i) D é neutro.

(ii) D é distributiva, D é duplamente distributiva e para todo o $X, Y \in I(G)$ $D \wedge X = D \wedge Y$, $D \vee X = D \vee Y$, implica $X = Y$.

Prova:

(i)$\Rightarrow$ (ii) :

Afirmação 1 : *D* é distributiva.

Seja $X, Y \in I(G)$ arbitrário.

Então *D* é neutro.

$$\Rightarrow (D \vee X) \wedge (X \vee Y) \wedge (Y \vee D) = (D \wedge X) \vee (X \wedge Y) \vee (Y \wedge D)$$

para todos $X, Y \in I(G)$.

$$X \wedge (X \vee Y) \wedge (Y \vee D) = D \vee (X \wedge Y) \vee (Y \wedge D)$$

$$\Rightarrow X \wedge (Y \vee D) = D \vee (X \wedge Y)$$

$$\Rightarrow D \vee (X \wedge Y) = X \wedge (Y \vee D) \text{ para } X \geq D \qquad (1)$$

Agora, $D \vee (X \wedge Y) = D \vee [(D \wedge X) \vee (X \wedge Y) \vee (Y \wedge D)]$

$= D \vee [(D \vee X) \wedge (X \vee Y) \wedge (Y \vee D)]$, por (i)

$= (D \vee X) \wedge [D \vee (X \vee Y) \wedge (Y \vee D)]$, por (1)

$= (D \vee X) \wedge [D \vee (Y \vee D) \wedge (X \vee Y)]$

$= (D \vee X) \wedge [(Y \vee D) \wedge (D \vee (X \vee Y))]$

$= (D \vee X) \wedge [(Y \vee D) \wedge (D \vee (X \vee Y))]$, por (1)

$= (D \vee X) \wedge (D \vee Y)$, uma vez que $D \vee Y \leq D \vee (X \wedge Y)$

Assim, $D \vee (X \wedge Y) = (D \vee X) \wedge (D \vee Y)$ para todos $X, Y \in I(G)$

Por conseguinte, D é uma distributiva ℓ -ideal.

Afirmação 2 : D é um ℓ -ideal duplamente distributivo

Seja $X, Y \in I(G)$ arbitrário.

D é neutro.

$\Rightarrow (D \vee X) \wedge (X \vee Y) \wedge (Y \vee D) = (D \wedge X) \vee (X \wedge Y) \vee (Y \wedge D)$

para todos $X, Y \in I(G)$

Tomemos $X \leq D$, obtemos

$$D \wedge (X \vee Y) \wedge (Y \vee D) = X \vee (X \wedge Y) \vee (Y \wedge D)$$

$$\Rightarrow D \wedge (X \vee Y) = X \vee (D \wedge Y) \qquad (2)$$

Agora,

$D \wedge (X \vee Y) = D \wedge [(D \vee X) \wedge (X \vee Y) \wedge (Y \vee D)]$

$= D \wedge [(D \wedge X) \vee (X \wedge Y) \vee (Y \wedge D)]$, por (i)

$= (D \wedge X) \vee [D \wedge (X \wedge Y) \vee (Y \wedge D)]$, por (2)

$= (D \wedge X) \vee [D \wedge (Y \wedge D) \vee (X \wedge Y)]$

$= (D \wedge X) \vee [(D \wedge Y) \vee (D \wedge X \wedge Y)]$, por (2)

$= (D \wedge X) \vee (D \wedge Y)$, uma vez que $D \wedge Y \geq D \wedge X \wedge Y$

Assim, $D \wedge (X \vee Y) = (D \wedge X) \vee (D \wedge Y)$, para todos os $X, Y \in I(G)$

Por conseguinte, D é duplamente distributivo ℓ -ideal.

Alegação 3 : $D \wedge X = D \wedge Y,\ D \vee X = D \vee Y$

$\Rightarrow X = Y$

Suponha-se que $D \wedge X = D \wedge Y$ e $D \vee X = D \vee Y$ para todos os $X, Y \in I(G)$

Depois $X = X \wedge [(D \vee X) \wedge (X \vee Y) \wedge (X \vee D)]$

$= X \wedge [(D \vee X) \wedge (X \vee Y) \wedge (Y \vee D)]$, uma vez que $X \vee D = Y \vee D$

$= X \wedge [(D \wedge X) \vee (X \wedge Y) \vee (Y \wedge D)]$, por (i)

$= X \wedge [(D \wedge X) \vee (X \wedge Y) \vee (D \wedge X)]$, uma vez que $D \wedge X = D \wedge Y$

$= X \wedge [(D \wedge X) \vee (X \wedge Y)]$

$= (D \wedge X) \vee (X \wedge Y)$, uma vez que $(D \wedge X) \vee (X \wedge Y) \leq X$

$= (D \wedge X) \vee (D \wedge X) \vee (X \wedge Y)$

$= (D \wedge X) \vee (D \wedge Y) \vee (X \wedge Y)$, uma vez que $(D \wedge X) = (D \wedge Y)$

Assim, $X = (D \wedge X) \vee (D \wedge Y) \vee (X \wedge Y)$ (3)

Da mesma forma

$Y = Y \wedge [(D \vee X) \wedge (X \vee Y) \wedge (Y \vee D)]$

$= Y \wedge [(D \vee X) \wedge (X \vee Y) \wedge (Y \vee D)]$, uma vez que $D \vee X = D \vee Y$

$= Y \wedge [(D \wedge X) \vee (X \wedge Y) \vee (Y \wedge D)]$, por (i)

$= Y \wedge [(D \wedge Y) \vee (X \wedge Y) \vee (Y \wedge D)]$

$= Y \wedge [(D \wedge Y) \vee (X \wedge Y)]$, por (i)

$= (D \wedge Y) \vee (X \wedge Y)$, uma vez que $(D \wedge Y) \vee (X \wedge Y) \leq Y$

$= (D \wedge Y) \vee (D \wedge Y) \vee (X \wedge Y)$

$= (D \wedge X) \vee (D \wedge Y) \vee (X \wedge Y)$, uma vez que $D \wedge X = D \wedge Y$

Assim, $Y = (D \wedge X) \vee (D \wedge Y) \vee (X \wedge Y)$ (4)

De (3) e (4) , $X = Y$

(ii)$\Rightarrow$ (i) :

Afirmamos que

$$(D \vee X) \wedge (X \vee Y) \wedge (Y \vee D) = (D \wedge X) \vee (X \wedge Y) \vee (Y \wedge D),$$

para todos $X, Y \in I(G)$

Seja $X, Y \in I(G)$ arbitrário.

Então, por ii), é suficiente provar que

$D \vee B = D \vee C$ and $D \wedge B = D \wedge C$

se $B=(D\vee X)\wedge(X\vee Y)\wedge(Y\vee D)$, $C=(D\wedge X)\vee(X\wedge Y)\vee(Y\wedge D)$

Agora, $D\wedge B=D\wedge[(D\vee X)\wedge(X\vee Y)\wedge(Y\vee D)]$

$=[D\wedge(D\vee X)]\wedge(X\vee Y)\wedge(Y\vee D)$

$=D\wedge[(X\vee Y)\wedge(Y\vee D)]$

$=D\wedge[(Y\vee D)\wedge(X\vee Y)]$

$=[D\wedge(Y\vee D)]\wedge(X\vee Y)$

$=D\wedge(X\vee Y)$ (5)

$D\wedge C=D\wedge[(D\wedge X)\vee(X\wedge Y)\vee(Y\wedge D)]$

$=[D\wedge(D\wedge X)]\vee[D\wedge(X\wedge Y)]\vee[D\wedge(Y\wedge D)]$, por (ii)

$=(D\wedge X)\vee(D\wedge Y)$, uma vez que $D\wedge(X\wedge Y)\leq D\wedge Y$

$=D\wedge(X\vee Y)$, (6)

De (5) e (6), $D\wedge B=D\wedge C$

Também $D\vee B=D\vee[(D\vee X)\wedge(X\vee Y)\wedge(Y\vee D)]$

$=[D\vee(D\vee X)]\wedge[D\vee(X\vee Y)]\wedge[D\vee(Y\vee D)]$, por (ii)

$=(D\vee X)\wedge(D\vee(X\vee Y)\wedge(D\vee Y))$

$=(D\vee X)\wedge(D\vee Y)$, uma vez que $D\vee Y\leq D\vee(X\vee Y)$ (7)

$D\vee C=D\vee[(D\wedge X)\vee(X\wedge Y)\vee(Y\wedge D)]$

$=[D\vee(D\wedge X)]\vee[(X\wedge Y)\vee(Y\wedge D)]$

$=D\vee[(Y\wedge D)\vee(X\wedge Y)]$

$=[D\vee(Y\wedge D)]\vee(X\wedge Y)$

$=D\vee(X\wedge Y)$

$=(D\vee X)\wedge(D\vee Y)$, por (ii) (8)

De (7) e (8), $D\vee B=D\vee C$

Assim, $D\vee B=D\vee C$ e $D\wedge B=D\wedge C$

$\Rightarrow B=C$, por (ii)

$\Rightarrow(D\vee X)\wedge(X\vee Y)\wedge(Y\vee D)=(D\wedge X)\vee(X\wedge Y)\vee(Y\wedge D)$

para todos $X,Y\in I(G)$

Por conseguinte, D é um ℓ -ideal neutro.

Teorema 5.14 :

Num grupo comutativo ℓ -group G, neutro ℓ -ideal$\Leftrightarrow$ standard ℓ -ideal$\Leftrightarrow$ distributivo ℓ -ideal.

Prova:

Segue-se do Teorema 5.13, 5.7 e 4.3

Teorema 5.15:

Se D_1 e D_2 são neutros ℓ -ideais de um grupo comutativo ℓ -grupo G, então $D_1 \vee D_2$ e $D_1 \wedge D_2$ são neutros ℓ -ideais de G.

Prova:

D_1 , D_2 são neutros ℓ -ideais de G.

$\Rightarrow D_1$ é distributiva, duplamente distributiva ℓ -ideal e para todos $X, Y \in I(G)$,

$D_1 \vee X = D_1 \vee Y,\ D_1 \wedge X = D_1 \wedge Y,$ implica $X = Y$.

$\Rightarrow D_2$ é distributiva, duplamente distributiva ℓ -ideal e para todos $X, Y \in I(G)$,

$D_2 \vee X = D_2 \vee Y,\ D_2 \wedge X = D_2 \wedge Y,$ implica $X = Y$.

$\Rightarrow D_1, D_2$ são distributivas e duplamente normalizadas ℓ -ideais.

$\Rightarrow D_1 \vee D_2,\ D_1 \wedge D_2$ são distributivos e duplamente normalizados ℓ -ideais, (pelo teorema 5.10 e 5.1.)

$\Rightarrow D_1 \vee D_2,\ D_1 \wedge D_2$ são neutros ℓ -ideais.

Capítulo 6

CONVEXO DISTRIBUTIVO ℓ -SUBGRUPO

É introduzida uma generalização da distributiva ℓ -ideal para o subgrupo convexo ℓ -subgrupo chamado convexo distributivo ℓ -subgrupo. São estabelecidas muitas propriedades importantes da distributiva ℓ -ideal que são válidas para o subgrupo convexo distributivo ℓ -subgrupo. A sua relação com a classe de congruência também é estabelecida.

Para começar,

Definição 6.1 :

Um ℓ *-subgrupo D* convexo é chamado distributivo se

$$\langle D, X \wedge Y \rangle = \langle D, X \rangle \wedge \langle D, Y \rangle$$

$$\langle D, X \vee Y \rangle = \langle D, X \rangle \vee \langle D, Y \rangle$$

$$\langle D, X + Y \rangle = \langle D, X \rangle + \langle D, Y \rangle$$

são válidas para qualquer par de ℓ -subgrupos convexos *X, Y* de *G* sempre que nem $D \cap X$ nem $D \cap Y$ estejam vazios.

Teorema 6.1:

Para cada d numa Álgebra Broweriana $A, \{d\}$ *é um* ℓ *-subgrupo convexo distributivo de A.*

Prova:

Tomemos $D = \{d\}$. Então D é um ℓ -subgrupo convexo de A

$$D \cap X \neq \phi \Rightarrow d \text{ in } X$$

$$D \cap Y \neq \phi \Rightarrow d \text{ in } Y$$

Por conseguinte, $\langle D, X \rangle = X$ e $\langle D, Y \rangle = Y$

Agora *d* em *X*, *d* em $Y \Rightarrow d$ em $X \vee Y$, d em $X \wedge Y$, d em $X + Y$

Por conseguinte $\langle D, X \vee Y \rangle = X \vee Y$

$$\langle D, X \wedge Y \rangle = X \wedge Y$$

$$\langle D, X + Y \rangle = X + Y$$

Portanto, $\langle D, X \vee Y \rangle = \langle D, X \rangle \vee \langle D, Y \rangle$

$$\langle D, X \wedge Y \rangle = \langle D, X \rangle \wedge \langle D, Y \rangle$$

$$\langle D, X + Y \rangle = \langle D, X \rangle + \langle D, Y \rangle$$

sempre que $D \cap X \neq \phi$ e $D \cap Y \neq \phi$

Assim, $D=\{d\}$ é um ℓ -subgrupo convexo distributivo de A.

Teorema 6.2:

Um ℓ -ideal D de um ℓ -grupo G comutativo é distributivo se for um ℓ -subgrupo convexo distributivo de G.

Prova:

Suponha-se que um ℓ -ideal D é um ℓ -subgrupo convexo distributivo de G.

Para provar que D é um distributivo ℓ -ideal.

Sejam X *e* Y dois ℓ -ideais arbitrários de G.

Então X, Y são convexos ℓ -subgrupos de G.

Além disso $D \cap X \supseteq \{0\} \neq \phi$

$D \cap Y \supseteq \{0\} \neq \phi$

Depois $\langle D, X \vee Y\rangle = \langle D, X\rangle \vee \langle D, Y\rangle$

$\langle D, X \wedge Y\rangle = \langle D, X\rangle \wedge \langle D, Y\rangle$

$\langle D, X + Y\rangle = \langle D, X\rangle + \langle D, Y\rangle$

Temos $\langle X, Y\rangle = X \vee Y$ para os ideais X, Y de G.

Ou seja, chegamos a $D \vee (X \vee Y) = (D \vee X) \vee (D \vee Y)$

$D \vee (X \wedge Y) = (D \vee X) \wedge (D \vee Y)$

$D \vee (X + Y) = (D \vee X) + (D \vee Y)$

A segunda igualdade dá-nos precisamente que D é um distributivo ℓ -ideal de G.

Por outro lado, suponhamos que um ℓ -ideal D é um ℓ -ideal distributivo de G.

Para provar que D é um ℓ -subgrupo convexo distributivo de G.

Sejam X *e* Y dois subgrupos convexos ℓ de G.

Sabemos que " Se, para dois subgrupos convexos ℓ quaisquer A, B de G, então

$\langle A, (B]\rangle = (A] \vee (B]$

$(A \wedge B] = (A] \vee (B]$ "

$\Rightarrow \langle D, X \wedge Y\rangle = D \vee (X \wedge y]$

$= D \vee [(X] \wedge (Y]]$

$= (D \vee (X]) \wedge D \vee (Y]$, por hipótese

$= \langle D, X\rangle \wedge \langle D, Y\rangle$

Temos

$$\langle D, X \vee Y\rangle \leq \langle D, X\rangle \vee \langle D, Y\rangle \qquad (1)$$

Também $\langle D,X\rangle = D \vee (X]$

$$\langle D,Y\rangle = D \vee (Y]$$

$$\langle D, X \vee Y\rangle = D \vee (X \vee Y]$$

Então $\langle D,X\rangle \vee \langle D,Y\rangle$ é um ℓ -ideal gerado pelos elementos da forma $(d_1 \vee x_1) \vee (d_2 \vee y_1)$ onde $d_1, d_2 \in D$, $x_1 \leq x,\ x$ in X , $y_1 \leq y,\ y$ in Y

$$\Rightarrow x_1 \vee y_1 \leq x \vee y,\ x \vee y \text{ in } X \vee Y,\ d_1 \vee d_2 \text{ in } D$$

$$\Rightarrow x_1 \vee y_1 \text{ em } \langle D, X \vee Y\rangle$$

$$\Rightarrow (d_1 \vee d_2) \vee (x \vee y) \text{ em } \langle D, X \vee Y\rangle$$

Agora $x_1 \vee y_1 \leq (d_1 \vee x_1) \vee (d_2 \vee y_1)$

$$\leq (d_1 \vee x) \vee (d_2 \vee y)$$

$$= (d_1 \vee d_2) \vee (x \vee y)$$

com $x_1 \vee y_1,\ (d_1 \vee d_2) \vee (x \vee y)$ em $\langle D, X \vee Y\rangle$

$$\Rightarrow (d_1 \vee x_1) \vee (d_2 \vee y_2) \text{ em } \langle D, X \vee Y\rangle$$

Por conseguinte

$$\langle D,X\rangle \vee \langle D,Y\rangle \leq \langle D, X \vee Y\rangle \qquad (2)$$

De (1) e (2) temos

$$\langle D, X \vee Y\rangle = \langle D,X\rangle \vee \langle D,Y\rangle$$

Temos

$$\langle D, X+Y\rangle \leq \langle D,X\rangle + \langle D,Y\rangle \qquad (3)$$

É evidente que $\langle D,X\rangle + \langle D,Y\rangle$ é um ℓ -subgrupo convexo gerado pelos elementos da forma

$(d_1 \vee x_1) + (d_2 \vee y_1)$ em que d_1, d_2 em D.

$x_1 \leq x$, x em X, $y_1 \leq y$, y em Y

Agora, $x_1 + y_1 \leq (d_1 \vee x_1) + (d_2 \vee y_1)$

$$\leq (d_1 \vee x) + (d_2 \vee y)$$

$$= [(d_1 \vee x) + d_2] \vee [(d_1 \vee x) + y]$$

$$= (d_1 + d_2) \vee (x + d_2) \vee (d_1 + y) \vee (x + y)$$

$$= d_1 + d_2 + x + y$$

com $x_1 + y_1$, $d_1 + d_2 + x + y$ em $\langle D, X + Y \rangle$

$$\Rightarrow (d_1 \vee x_1) + (d_2 \vee y_1) \text{ em } \langle D, X + Y \rangle$$

Por conseguinte, $\langle D, X \rangle + \langle D, Y \rangle \leq \langle D, X + Y \rangle$ (4)

De (3) e (4) obtém-se

$$\langle D, X + Y \rangle = \langle D, X \rangle + \langle D, Y \rangle$$

Por conseguinte, *D* é um ℓ -subgrupo convexo distributivo de *G*.

Corolário 6.1 :

Se um ℓ -ideal *D* de um ℓ -grupo *G* comutativo for normal, então é um ℓ -subgrupo convexo distributivo de *G*.

Prova:

D é uma norma ℓ -ideal

$\Rightarrow D$ é um distributivo ℓ -ideal, pelo teorema de caraterização para standard ℓ -ideal

$\Rightarrow D$ é um subgrupo convexo distributivo ℓ -subgrupo pelo teorema anterior.

Corolário 6.2 :

Se um ℓ -ideal *D* de um ℓ -grupo *G* comutativo é neutro, então é um ℓ -subgrupo convexo distributivo de *G*.

Prova:

D é um neutro ℓ -ideal

$\Rightarrow D$ é um distributivo ℓ -ideal, pelo teorema de caraterização para neutro ℓ -ideal.

$\Rightarrow D$ é um subgrupo convexo distributivo ℓ -subgrupo pelo teorema anterior.

Teorema 6.3

Seja D um ℓ -subgrupo convexo de um ℓ -grupo comutativo G. Se x, y em G forem tais que $x \vee t = y \vee t$, $x \wedge s = y \wedge s$ para alguns s, t em D, então $\langle D, \{x\} \rangle = \langle D, \{y\} \rangle$.

Prova:

Dado que *D* é um ℓ -subgrupo convexo de *G* e , $x \vee t = y \vee t$ $x \wedge s = y \wedge s$, para alguns *s*, *t* em *D*, *x*, *y* em *G*.

Para provar que $\langle D, \{x\} \rangle = \langle D, \{y\} \rangle$

Seja *p* em $\langle D, \{x\} \rangle$

$\Rightarrow s \wedge x \leq p \leq t \vee x$ para alguns s, *t* em *D*

$$\Rightarrow x \wedge s \leq p \leq x \vee t$$

$$\Rightarrow y \wedge s \leq p \leq y \vee t$$

$$\Rightarrow s \wedge y \leq p \leq t \vee y$$

$$\Rightarrow p \text{ in } \langle D, \{y\}\rangle$$

$$\Rightarrow \langle D,\{x\}\rangle \leq \langle D,\{y\}\rangle$$

Do mesmo modo, provamos que $\langle D,\{y\}\rangle \leq \langle D,\{x\}\rangle$

Assim $\langle D,\{x\}\rangle = \langle D,\{y\}\rangle$

Teorema 6.4:

Seja G um ℓ -grupo G comutativo e D um ℓ -subgrupo convexo distributivo de G. Se D satisfaz a propriedade (P), em que (P) é

$$\left.\begin{array}{l} \langle D, X \vee Y\rangle = \langle D, X\rangle \vee \langle D, Y\rangle \\ \langle D, X \wedge Y\rangle = \langle D, X\rangle \wedge \langle D, Y\rangle \\ \langle D, X + Y\rangle = \langle D, X\rangle + \langle D, Y\rangle \end{array}\right\} \quad (P)$$

para todos os elementos convexos ℓ -subgrupo X, Y de G, então a relação binária θ_D em L definida por

$$"x \equiv y(\theta_D) \text{ iff}$$

$$(x \wedge y) \wedge s = (x \vee y) \wedge s$$

$$(x \wedge y) \vee t = (x \vee y) \vee t$$

$$(x \wedge y) + u = (x \vee y) + u$$

para s, t, u adequados em D " é uma relação de congruência.

Prova:

Suponha-se que D é um ℓ -subgrupo convexo distributivo de G.

Para provar que θ_D é uma relação de congruência.

Basta verificar o seguinte:

(i) $x \equiv x(\theta_D)$

(ii) $x \equiv y(\theta_D) \Rightarrow y \equiv x(\theta_D)$

(iii) $x \equiv y(\theta_D)$ se $x \wedge y \equiv x \vee y(\theta_D)$

(iv) $x \leq y \leq z, x \equiv y(\theta_D)$, e $y \equiv z(\theta_D)$

implicam que $x \equiv z(\theta_D)$

(v) $x \leq y$ e $x \equiv y(\theta_D)$ implicam que

$$x \wedge z \equiv y \wedge z(\theta_D)$$

$$x \vee z \equiv y \vee z(\theta_D)$$

$x + z \equiv y + z(\theta_D)$ para cada z em L.

Para (i) :

Seja $x \in G$ arbitrário.

Depois $(x \wedge x) \wedge s = (x \vee x) \wedge s$

$(x \wedge x) \vee t = (x \vee x) \vee t$

$(x \wedge x) + u = (x \vee x) + u$ onde $s, t, u \in D$

$\Rightarrow x \equiv x(\theta_D)$

Assim, $x \equiv x(\theta_D)$ para todos os $x \in G$.

Para ii) :

Seja $x, y \in G$ arbitrário.

Suponhamos que $x \equiv y(\theta_D)$

Depois $(x \wedge y) \wedge s = (x \vee y) \wedge s$

$(x \wedge y) \vee t = (x \vee y) \vee t$

$(x \wedge y) + u = (x \vee y) + u$ onde $s, t, u \in D$

$\Rightarrow (y \wedge x) \wedge s = (y \vee x) \wedge s$

$(y \wedge x) \vee t = (y \vee x) \vee t$

$(y \wedge x) + u = (y \vee x) + u$

$\Rightarrow y \equiv x(\theta_D)$

Assim, $x \equiv y(\theta_D) \Rightarrow y \equiv x(\theta_D)$ para todos os $x, y \in G$.

Para a alínea iii) :

Seja $x, y \in G$ arbitrário. Então

$x \equiv y(\theta_D)$

$\Leftrightarrow (x \wedge y) \wedge s = (x \vee y) \wedge s$

$(x \wedge y) \vee t = (x \vee y) \vee t$

$(x \wedge y) + u = (x \vee y) + u$ em que $s, t, u \in D$.

$$\Leftrightarrow [(x \wedge y) \wedge (x \vee y)] \wedge s = [(x \wedge y) \vee (x \vee y)] \wedge s$$

$$\Leftrightarrow [(x \wedge y) \wedge (x \vee y)] \vee t = [(x \wedge y) \vee (x \vee y)] \vee t$$

$$\Leftrightarrow [(x \wedge y) \wedge (x \vee y)] + u = [(x \wedge y) \vee (x \vee y)] + u$$

$$\Leftrightarrow x \wedge y \equiv (x \vee y)(\theta_D)$$

Assim, $x \equiv y(\theta_D) \Leftrightarrow x \wedge y \equiv (x \vee y)(\theta_D)$ para todos $x, y \in G$

Para (iv) :

Seja $x, y, z \in G$ arbitrário.

Suponha-se que $x \leq y \leq z$, $x \equiv y(\theta_D)$ e $y \equiv z(\theta_D)$

$$\Rightarrow x \leq y \leq z$$

$$\Rightarrow (x \wedge y) \wedge s = (x \vee y) \wedge s$$

$$(x \wedge y) \vee t = (x \vee y) \vee t$$

$(x \wedge y) + u = (x \vee y) + u$ em que $s, t, u \in D$ e

$$\Rightarrow (y \wedge z) \wedge s = (y \vee z) \wedge s$$

$$(y \wedge z) \vee t = (y \vee z) \vee t$$

$(y \wedge z) + u = (y \vee z) + u$ onde $s, t, u \in D$

$$\Rightarrow x \wedge s_1 = y \wedge s_1$$

$$x \vee t_1 = y \vee t_1$$

$x + u_1 = y + u_1$, para alguns $s_1, t_1, u_1 \in D$ com $s_1 \leq t_1 \leq u_1$ e $y \wedge s_2 = z \wedge s_2$

$$y \vee t_2 = z \vee t_2$$

$y + u_2 = z + u_2$ para algum $s_2, t_2, u_2 \in D$ com $s_2 \leq t_2 \leq u_2$.

$$\Rightarrow x \wedge s_1 \wedge s_2 = y \wedge s_1 \wedge s_2 = z \wedge s_1 \wedge s_2$$

$$x \vee t_1 \vee t_2 = y \vee t_1 \vee t_2 = z \vee t_1 \vee t_2$$

$$x + u_1 + u_2 = y + u_1 + u_2 = z + u_1 + u_2$$

$$\Rightarrow x \wedge s_3 = z \wedge s_3$$

$$x \vee t_3 = z \vee t_3$$

$x + u_3 = z + u_3$ em que , $s_1 \wedge s_2 = s_3$ $t_1 \vee t_2 = t_3$ $u_1 + u_2 = u_3$ em D.

$$\Rightarrow x \equiv z(\theta_D)$$

Assim, se $x \leq y \leq z$, $x \equiv y(\theta_D)$ e $y \equiv z(\theta_D)$ implica $x \equiv z(\theta_D)$ para todos os *x, y, z* em *L*.

Para (v) :

Sejam x, *y* em *L* arbitrários.

Suponhamos que $x \leq y$ e $x \equiv y(\theta_D)$

$$\Rightarrow x \leq y,\ (x \wedge y) \wedge s = (x \vee y) \wedge s$$

$$(x \wedge y) \vee t = (x \vee y) \vee t$$

$(x \wedge y) + u = (x \vee y) + u$ para alguns *s, t, u* em *D*.

$$\Rightarrow x \wedge s = y \wedge s$$

$$x \vee t = y \vee t$$

$x + u = y + u$ para alguns *s, t, u* em *D* com $s \leq t \leq u$.

Seja $X = \{x\}\, Y = \{y\}\ \ Z = \{z\}$

$$x \leq y \Rightarrow x \wedge z \leq y \wedge z$$

$(x \wedge z) \vee t$ em $\langle D, X \wedge Z \rangle = \langle D, X \rangle \wedge \langle D, Z \rangle$

$$= \langle D, Y \rangle \wedge \langle D, Z \rangle$$

$$= \langle D, Y \wedge Z \rangle$$

Por conseguinte $(x \wedge z) \vee t \leq (y \wedge z) \vee t_1$

da mesma forma $(y \wedge z) \vee t_1 = (x \wedge z) \vee t_2$

$$\Rightarrow (x \wedge z) \vee t_3 = (y \wedge z) \vee t_3 \text{ onde } t_3 = t \vee t_1 \vee t_2$$

$$(x \wedge z) \wedge s = x \wedge (z \wedge s)$$

$$= x \wedge (s \wedge z)$$

$$= (x \wedge s) \wedge z$$

$$= (y \wedge s) \wedge z$$

$$= y \wedge (s \wedge z)$$

$$= y \wedge (z \wedge s)$$

$$= (y \wedge z) \wedge s$$

$$(x \wedge z) + u = (x + u) \wedge (z + u)$$

$$= (y + u) \wedge (z + u)$$

$$= (y \wedge z) + u$$

$$\Rightarrow [(x \wedge z) \wedge (y \wedge z)] \wedge s = [(x \wedge z) \vee (y \wedge z)] \wedge s$$

$$[(x \wedge z) \wedge (y \wedge z)] \vee t_3 = [(x \wedge z) \vee (y \wedge z)] \vee t_3$$

$$[(x \wedge z) \wedge (y \wedge z)] + u = [(x \wedge z) \vee (y \wedge z)] + u \quad \text{com } s, t_3, u \text{ em } D.$$

$$\Rightarrow x \wedge z \equiv y \wedge z(\theta_D)$$

Assim, $x \wedge z \equiv y \wedge z(\theta_D)$ para cada z em L.

Agora, $(x \vee z) \vee t = x \vee (z \vee t)$

$$= x \vee (t \vee z)$$

$$= (x \vee t) \vee z$$

$$= (y \vee t) \vee z$$

$$= y \vee (t \vee z)$$

$$= y \vee (z \vee t)$$

$$= (y \vee z) \vee t$$

$(x \vee z) \wedge s$ in $\langle D, X \vee Z \rangle = \langle D, X \rangle \vee \langle D, Z \rangle$

$$= \langle D, Y \rangle \vee \langle D, Z \rangle$$

$$= \langle D, Y \vee Z \rangle$$

Por conseguinte, $(x \vee z) \wedge s \leq (y \vee z) \wedge s_1$

da mesma forma $(y \vee z) \wedge s_1 \leq (x \vee z) \wedge s_2$

$\Rightarrow (x \vee z) \wedge s_3 = (y \vee z) \wedge s_3$ onde $s_3 = s \wedge s_1 \wedge s_2$

$$(x \vee z) + u = (x + u) \vee (z + u)$$

$$= (y + u) \vee (z + u)$$

$$= (y \vee z) + u$$

$$\Rightarrow [(x \vee z) \wedge (y \vee z)] \wedge s_3 = [(x \vee z) \vee (y \vee z)] \wedge s_3$$

$$[(x \vee z) \wedge (y \vee z)] \vee t = [(x \vee z) \vee (y \vee z)] \vee t$$

$$[(x \vee z) \wedge (y \vee z)] + u = [(x \vee z) \vee (y \vee z)] + u \qquad \text{com } s_3, t, u \text{ em } D$$

$\Rightarrow x \vee z \equiv y \vee z(\theta_D)$ para cada Z em L.

Também $(x + z) \vee t$ em $\langle D, X + Z \rangle = \langle D, X \rangle + \langle D, Z \rangle$

$$= \langle D, Y \rangle + \langle D, Z \rangle$$

$$=\langle D, Y+Z\rangle$$

$$\Rightarrow (x+z)\vee t \le (y+z)\vee t_1$$

Da mesma forma $(y+z)\vee t_1 \le (x+z)\vee t_2$

$$\Rightarrow (x+z)\vee t_3 \le (y+z)\vee t_3, \text{ em que } t_3 = t\vee t_1\vee t_2$$

$$(x+z)+u = x+(z+u)$$

$$= x+(u+z)$$

$$= (x+u)+z$$

$$= (y+u)+z$$

$$= y+(u+z)$$

$$= y+(z+u)$$

$$= (y+z)+u$$

$(x+z)\wedge s$ em $\langle D, X+Z\rangle = \langle D, X\rangle + \langle D, Z\rangle$

$$= \langle D, Y\rangle + \langle D, Z\rangle$$

$$= \langle D, Y+Z\rangle$$

Por conseguinte $(x+z)\wedge s \le (y+z)\wedge s_1$

da mesma forma $(y+z)\wedge s_1 \le (x+z)\wedge s_2$

$\Rightarrow (x+z)\wedge s_3 = (y+z)\wedge s_3$ onde

$$[(x+z)\wedge(y+z)]\wedge s_3 = [(x+z)\vee(y+z)]\wedge s_3$$

$$[(x+z)\wedge(y+z)]\vee t_3 = [(x+z)\vee(y+z)]\vee t_3$$

$$[(x+z)\wedge(y+z)]+u = [(x+z)\vee(y+z)]+u$$

com s_3, t_3, u em D

$$\Rightarrow x+z \equiv y+z(\theta_D)$$

Assim, θ_D é uma relação de congruência em G.

Inversamente, temos

Teorema 6.5:

Se D é um ℓ -subgrupo convexo de G tal que a relação θ_D definida no teorema acima é uma relação de congruência, então D é um ℓ -subgrupo convexo distributivo de G.

Prova:

Dado que D é um ℓ -subgrupo convexo de G tal que θ_D é uma relação de congruência definida no teorema anterior.

Para provar que D é um convexo distributivo ℓ -subgrupo de G.

É suficiente verificar que

(1) $\langle D, X \vee Y\rangle = \langle D, X\rangle \vee \langle D, Y\rangle$

(2) $\langle D, X \wedge Y\rangle = \langle D, X\rangle \wedge \langle D, Y\rangle$

(3) $\langle D, X + Y\rangle = \langle D, X\rangle + \langle D, Y\rangle$

sempre que $D \cap X \neq \phi$ e $D \cap Y \neq \phi$

Para (1) :

Claramente $\langle D, X \vee Y\rangle \leq \langle D, X\rangle \vee \langle D, Y\rangle$

Em seguida, afirmar que

$$\langle D, X\rangle \vee \langle D, Y\rangle \leq \langle D, X \vee Y\rangle$$

Seja p em $\langle D, X\rangle \vee \langle D, Y\rangle$ arbitrário.

$\Rightarrow p = s \vee t$ em que s em $\langle D, X\rangle$, t em $\langle D, Y\rangle$

$\Rightarrow p = s \vee t$ *onde* $d_o \wedge x_o \leq s \leq d_1 \vee x_1$

$d_2 \wedge y_o \leq t \leq d_3 \vee y_1$

$\Rightarrow p = s \vee t$ *onde* $d_4 \wedge x_o \leq s \leq d_1 \vee x_1$

$d_4 \wedge y_o \leq t \leq d_3 \vee y_1$ e $d_4 = d_o \wedge d_2$

$\Rightarrow p = s \vee t$ em que $(d_4 \wedge x_o) \vee (d_4 \wedge y_o) \leq s \vee t \leq d \vee x_1 \vee y_1$

e $d = d_1 \vee d_3$

Tomemos $x_2 = x_o \wedge x$, $y_2 = y_o \wedge y$ onde x em $D \cap X$, y in $D \cap Y$

Temos

$$(d_4 \wedge x_2) \vee (d_4 \wedge y_2) \leq s \vee t \leq d \vee x_1 \vee y_1$$

$x_2 \equiv d_4 \wedge x_2 (\theta_D)$ desde $(d_4 \wedge x_2) \wedge d_4 = x_2 \wedge d_4$

$(d_4 \wedge x_2) \vee x = x_2 \vee x$

$(d_4 \wedge x_2) + x = x_2 + x$

para alguns x, d_4 em D.

da mesma forma $y_2 \equiv d_4 \wedge y_2 (\theta_D)$

Por conseguinte $x_2 \vee y_2 \equiv (d_4 \wedge x_2) \vee (d_4 \wedge y_2)(\theta_D)$

$\Rightarrow$ existe d em D tal que

$$(x_2 \vee y_2) \wedge d \equiv [(d_4 \wedge x_2) \vee (d_4 \wedge y_2)] \wedge d$$
$$\leq (d_4 \wedge x_2) \vee (d_4 \wedge y_2)$$
$$\leq s \vee t$$
$$\leq d \vee x_1 \vee y_1$$

Pela convexidade de $\langle D, X \vee Y \rangle$,

$$(x_2 \vee y_2) \wedge d \leq s \vee t \leq d \vee (x_1 \vee y_1)$$

Temos $s \vee t$ em $\langle D, X \vee Y \rangle$

Por conseguinte $\langle D, X \rangle \vee \langle D, Y \rangle \leq \langle D, X \vee Y \rangle$

Assim $\langle D, X \vee Y \rangle = \langle D, X \rangle \vee \langle D, Y \rangle$

Para (2) :

Claramente $\langle D, X \wedge Y \rangle \leq \langle D, X \rangle \wedge \langle D, Y \rangle$

Em seguida, afirmamos que $\langle D, X \rangle \wedge \langle D, Y \rangle \leq \langle D, X \wedge Y \rangle$

Seja p em $\langle D, X \rangle \wedge \langle D, Y \rangle$ arbitrário.

$\Rightarrow p = s \wedge t$ em que s em $\langle D, X \rangle$, t em $\langle D, Y \rangle$

$\Rightarrow p = s \wedge t$ onde $d_o \wedge x_o \leq s \leq d_1 \vee x_1$

$d_2 \wedge y_o \leq t \leq d_3 \vee y_1$

com d_o, d_1, d_2, d_3 em D, x_o, x_1 in X, y_o, y_1 in Y

$\Rightarrow p = s \wedge t$ onde $d_o \wedge x_o \leq s \leq d_4 \vee x_1$

$d_2 \wedge y_o \leq t \leq d_4 \vee y_1$

e $d_4 = d_1 \vee d_3$

$\Rightarrow p = s \wedge t$ onde $d \wedge x_o \wedge y_o \leq s \wedge t \leq (d_4 \vee x_1) \wedge (d_4 \vee y_1)$

e $d = d_o \wedge d_2$

Tomemos $x_2 = x_1 \vee x$, $y_2 = y_1 \vee y$ onde x em $D \cap X$, y in $D \cap Y$

Temos

$$d \wedge (x_o \wedge y_o) \leq s \wedge t \leq (d_4 \vee x_2) \wedge (d_4 \vee y_2)$$

$x_2 \equiv d_4 \vee x_2 \, (\theta_D)$, uma vez que $x_2 \vee d_4 = (d_4 \vee x_2) \vee d_4$

$$x_2 \wedge x = (d_4 \vee x_2) \wedge x$$

$$x_2 + d_4 = (d_4 \vee x_2) + d_4$$

para alguns x, d_4 em D.

Da mesma forma $y_2 \equiv d_4 \vee y_2 \, (\theta_D)$

Por conseguinte $x_2 \wedge y_2 \equiv (d_4 \vee x_2) \wedge (d_4 \vee y_2)(\theta_D)$

$\Rightarrow$ existem d em D tais que

$$(x_2 \wedge y_2) \vee d = [\,(d_4 \vee x_2) \wedge (d_4 \vee y_2)] \vee d$$

$$\Rightarrow \quad (x_2 \wedge y_2) \vee d = [\,(d_4 \vee x_2) \wedge (d_4 \vee y_2)] \vee d$$

$$\geq (d_4 \vee x_2) \wedge (d_4 \vee y_2)$$

$$\geq s \wedge t$$

$$\geq d \wedge x_o \wedge y_o$$

Pela convexidade de $\langle D, X \wedge Y \rangle$

$d \wedge (x_o \wedge y_o) \leq s \wedge t \leq (x_2 \wedge y_2) \vee d$ implica que $s \wedge t$ em $\langle D, X \wedge Y \rangle$

Assim $\langle D, X \rangle \wedge \langle D, Y \rangle \leq \langle D, X \wedge Y \rangle$

Assim $\langle D, X \wedge Y \rangle = \langle D, X \rangle \wedge \langle D, Y \rangle$

Para (3) :

Claramente $\langle D, X + Y \rangle \leq \langle D, X \rangle + \langle D, Y \rangle$

Em seguida, afirmamos que $\langle D, X \rangle + \langle D, Y \rangle \leq \langle D, X + Y \rangle$

Seja p em $\langle D, X \rangle + \langle D, Y \rangle$

$\Rightarrow p = s + t$ em que s em $\langle D, X \rangle$, t in $\langle D, Y \rangle$

$\Rightarrow p = s + t$ onde $d_o \wedge x_o \leq s \leq d_1 \vee x_1$

$d_2 \wedge y_o \leq t \leq d_3 \vee y_1$

$\Rightarrow p = s + t$ onde $d_o \wedge x_o \leq s \leq d_4 \vee x_1$

$d_2 \wedge y_o \leq t \leq d_4 \vee y_1$

e $d_4 = d_1 + d_3$

$\Rightarrow p = s + t$ onde $d \ \wedge x_o + d \wedge y_o \leq s + t \leq (d_4 \vee x_1) + (d_4 \vee y_1)$

e $d \ = d_o \wedge d_2$

Selecione $x_2 = x_1 + x$, $y_2 = y_1 + y$, em que x em $D \cap X$, y em $D \cap Y$

Temos $d \wedge (x_o + y_o) \leq s + t \leq (d_4 \vee x_2) + (d_4 \vee y_2)$

$x_2 \equiv d_4 \vee x_2 (\theta_D)$ desde $x_2 \vee d_4 = (d_4 \vee x_2) \vee d_4$

$$x_2 \wedge x = (d_4 \vee x_2) \wedge x$$

$$x_2 + d_4 = (d_4 \vee x_2) + d_4$$

para alguns d_4, x em D.

Da mesma forma, $y_2 \equiv d_4 \vee y_2 (\theta_D)$

Por conseguinte $x_2 + y_2 \equiv (d_4 \vee x_2) + (d_4 \vee y_2)(\theta_D)$

$\Rightarrow$ existe d em D tal que

$$(x_2 + y_2) \vee d = [(d_4 \vee x_2) + (d_4 \vee y_2)] \vee d$$

$$\begin{aligned} \Rightarrow d \wedge (x_o + y_o) &= [(d \wedge x_o) + (d \wedge y_o)] \wedge d \\ &\leq d \wedge x_o + d \wedge y_o \\ &\leq s + t \\ &\leq (d_4 \vee x_2) + (d_4 \vee y_2) \\ &\leq [(d_4 \vee x_2) + (d_4 \vee y_2)] \vee d \\ &= (x_2 + y_2) \vee d \end{aligned}$$

Pela convexidade de $\langle D, X + Y \rangle$,

$$d \wedge (x_o + y_o) \leq s + t \leq (x_2 + y_2) \vee d$$

implica que $s + t$ em $\langle D, X + Y \rangle$

Assim $\langle D, X \rangle + \langle D, Y \rangle \leq \langle D, X + Y \rangle$

Daí que $\langle D, X + Y \rangle = \langle D, X \rangle + \langle D, Y \rangle$

Assim, D é um convexo distributivo ℓ -subgrupo de G.

Teorema 6.6:

Se D é um convexo distributivo ℓ -subgrupo de G, então D é uma classe de congruência pela relação de congruência θ_D desde que D satisfaça (P) .

Prova:

Dado que D é um convexo distributivo ℓ -subgrupo de G.

Então θ_D é uma relação de congruência em G.

Para provar que D é uma classe de congruência pela relação de congruência θ_D .

Sejam $X \equiv y(\theta_D)$ e $x \leq y$, onde *x, y* estão em *G*. É suficiente provar que se um destes elementos pertence a *D*, então ambos estão em *D*.

Caso (i) : Suponha que *y* está em *D*.

Por definição de θ_D , $x \wedge s = y \wedge s$

$x \vee t = y \vee t$

$x + u = y + u$ para alguns *s, t, u* em *D* com $s \leq t \leq u$

Depois $x = x \wedge (x \vee t)$

$= x \wedge (y \vee t)$

$= [x \vee (x \wedge s)] \wedge (y \vee t)$

$= [x \vee (y \wedge s)] \wedge (y \vee t)$

$\geq [x \vee (y \wedge s)] \wedge y$

$\geq x \wedge y = x$

$\Rightarrow x = [x \vee (y \wedge s)] \wedge y$

Agora $y \wedge s \leq x \vee (y \wedge s) \leq y \vee (y \wedge s)$ com *y*, $y \wedge s$ em *D*.

$\Rightarrow x \vee (y \wedge s)$ em *D*

$\Rightarrow [x \vee (y \wedge s)] \wedge y$ em *D*

$\Rightarrow x$ em *D*.

Caso (ii) : Suponha que *x* está em *D*.

Depois $y = y \vee (y \wedge s)$

$= y \vee (x \wedge s)$

$= [y \wedge (y \vee t)] \vee (x \wedge s)$

$\leq [y \wedge (x \vee t)] \vee x$

$\leq y \vee x = y$

$\Rightarrow y = [y \wedge (x \vee t)] \vee x$

$\Rightarrow y \wedge (x \vee t)$ em *D*

$\Rightarrow [y \wedge (x \vee t)] \vee x$ em *D*

$\Rightarrow y$ em *D*.

Corolário 6.3:

Se D_1 e D_2 são dois subgrupos convexos distributivos ℓ de G que satisfazem a propriedade (P), então $D_1 \cap D_2$ é um subgrupo convexo distributivo ℓ ou é vazio.

Prova:

Dado que D_1 e D_2 são dois subgrupos convexos distributivos ℓ de G que satisfazem a propriedade (P).

Para provar que $D_1 \cap D_2 = \phi$ ou $D_1 \cap D_2$ é um subgrupo convexo distributivo ℓ

Suponhamos que $D_1 \cap D_2 \neq \phi$

$\Rightarrow D_1 \cap D_2$ contêm um elemento a.

Suponhamos que $x \equiv y(\theta_{D_1 \cap D_2})$

$$\Rightarrow x \equiv y(\theta_{D_1} \cap \theta_{D_2})$$

$$\Rightarrow x \equiv y(\theta_{D_1}) \quad \text{e} \quad x \equiv y(\theta_{D_2})$$

$x \equiv y(\theta_{D_1})$ implica que $x \wedge s_1 = y \wedge s_1$ com s_1 adequado em D_1 e $s_1 \leq a$.

Por outro lado, $x \equiv y(\theta_{D_2})$ implica que

$$x \wedge s_1 \equiv y \wedge s_1 (\theta_{D_2})$$

$\Rightarrow (x \wedge s_1) \wedge s_2 = (y \wedge s_1) \wedge s_2$ com s_2 adequado em D_2 e $s_2 \leq a$

$\Rightarrow (x \wedge s_1) \wedge s_2 = y \wedge (s_1 \wedge s_2)$ com $s_1 \wedge s_2$ em $D_1 \cap D_2$

desde $s_1 \leq a$, $s_2 \leq a \Rightarrow s_1 \wedge s_2 \leq a$

$\Rightarrow s_1 \wedge s_2$ em D_1 e D_2

$\Rightarrow s_1 \wedge s_2$ em $D_1 \cap D_2$

Também temos $x \vee (t_1 \wedge t_2) = y \vee (t_1 \wedge t_2)$ com $t_1 \wedge t_2$ em $D_1 \cap D_2$

$x \equiv y(\theta_{D_1})$ implica que $x + u_1 = y + u_1$ com u_1 adequado em D_1 e $u_1 \leq a$.

Por outro lado, $x \equiv y(\theta_{D_2})$ implica que $x + u_1 = y + u_1(\theta_{D_2})$

$\Rightarrow (x + u_1) + u_2 = (y + u_1) + u_2$ com u_2 adequado em D_2 e $u_2 \leq a$

Desde $u_1 \leq a$, $u_2 \leq a \Rightarrow u_1 + u_2 \leq a + a$

$\Rightarrow u_1 + u_2$ em D_1 e D_2

$\Rightarrow u_1 + u_2$ em $D_1 \cap D_2$

Assim, $D_1 \cap D_2$ é um ℓ -subgrupo convexo distributivo.

Teorema 6.7:

Seja $f: x \to x'$ um homomorfismo de G para G' e seja D um subgrupo convexo distributivo ℓ de G. Então a imagem homomórfica D' de D é um subgrupo convexo distributivo ℓ de G'.

Prova:

Dado que $f: x \to x'$ é um homomorfismo de G para G' e D um ℓ -subgrupo convexo distributivo de G. Então temos

$$\langle D, X \vee Y \rangle = \langle D, X \rangle \vee \langle D, Y \rangle$$

$$\langle D, X \wedge Y \rangle = \langle D, X \rangle \wedge \langle D, Y \rangle$$

$$\langle D, X + Y \rangle = \langle D, X \rangle + \langle D, Y \rangle$$

sempre que $D \cap X \neq \phi$ e $D \cap Y \neq \phi$ para quaisquer dois ℓ -subgrupos convexos X, Y de G.

Sabemos que a imagem homomórfica de um ℓ -subgrupo convexo de G é um ℓ -subgrupo convexo.

Assim, a imagem de X e Y é X', Y', respetivamente. Também $D \cap X \neq \phi$ e $D \cap Y \neq \phi$, implica que $D' \cap X' \neq \phi$ e $D' \cap Y' \neq \phi$.

Claramente $\langle D', X' \vee Y' \rangle \leq \langle D', X' \rangle \vee \langle D', Y' \rangle$

Seja p' em $\langle D', X' \rangle \vee \langle D', Y' \rangle$ arbitrário.

$\Rightarrow p' = s' \vee t'$ em que s' em , $\langle D', X' \rangle$ t' em $\langle D', Y' \rangle$

$\Rightarrow p' = s' \vee t'$ onde $d_o' \wedge x_o' \leq s' \leq d_1' \vee x_1'$

$d_2' \wedge y_o' \leq t' \leq d_3' \vee y_1'$

d_o', d_1', d_2', d_3' em D

x_o', x_1' em X, y_o', y_1' em Y.

$\Rightarrow p' = s' \vee t'$ onde $(d_o' \wedge x_o') \vee (d_2' \wedge y_o') \leq s' \vee t'$

$\leq (d_1' \vee x_1') \vee (d_3' \vee y_1')$

Colocar $d_4' = d_o' \wedge d_2'$, $d_5' = d_1' \vee d_3'$

obtemos

$$(d_4' \wedge x_o') \vee (d_4' \wedge y_o') \leq s' \vee t' \leq (d_5' \vee x_1' \vee y_1')$$

Tomemos $x_2' = x_o' \wedge x'$, em que x' em $D' \cap X'$

$y_2' = y_o' \wedge y'$, em que y' em $D' \cap Y'$

Depois $\left(d_4' \wedge x_2'\right) \vee \left(d_4' \wedge y_2'\right) \leq s' \vee t' \leq d_5' \vee \left(x_1' \vee y_1'\right)$

Agora $\left(d_4' \wedge x_2'\right) \vee \left(d_4' \wedge y_2'\right)$

$$= [f(d_4) \wedge f(x_2)] \vee [f(d_4) \wedge f(y_2)]$$

$$= [f(d_4 \wedge x_2)] \vee [f(d_4 \wedge y_2)]$$

$$= f[(d_4 \wedge x_2) \vee (d_4 \wedge y_2)]$$

$$= f[d_4 \wedge (x_2 \vee y_2)]$$

$$= f(d_4) \wedge [f(x_2 \vee y_2)]$$

$$= d_4' \wedge \left(x_2' \vee y_2'\right)$$

$$\Rightarrow d_4' \wedge \left(x_2' \vee y_2'\right) \leq s' \vee t' \leq d_5' \vee \left(x_1' \vee y_1'\right)$$

$$\Rightarrow d_4' \wedge \left(x_2' \vee y_2'\right) \leq p' \leq d_5' \vee \left(x_1' \vee y_1'\right)$$

$$\Rightarrow p' \text{ em } \langle D', X' \vee Y' \rangle$$

Assim $\langle D', X' \rangle \vee \langle D', Y' \rangle \leq \langle D', X' \vee Y' \rangle$

Daí que $\langle D', X' \vee Y' \rangle = \langle D', X' \rangle \vee \langle D', Y' \rangle$

Do mesmo modo, provamos que $\langle D', X' \wedge Y' \rangle = \langle D', X' \rangle \wedge \langle D', Y' \rangle$

$$\langle D', X' + Y' \rangle = \langle D', X' \rangle + \langle D', Y' \rangle$$

Assim, a imagem homomórfica D' de D é um subgrupo convexo distributivo ℓ de G.

***Teorema 6.8* : (*Teorema do Primeiro Isomorfismo*)**

Seja G um ℓ -grupo comutativo, D um ℓ -subgrupo convexo distributivo e I um ℓ -ideal de G tal que $D \leq I$. Então I é um ℓ -subgrupo convexo distributivo em G se e só se I/D é um ℓ -subgrupo convexo distributivo em G/D e neste caso o isomorfismo $G/I \cong (G/D)/(I/D)$ mantém-se.

Prova:

Dado que G é um ℓ -grupo comutativo e D um ℓ -subgrupo convexo distributivo e I um ℓ -ideal de G tal que $D \leq I$.

Suponhamos que I é um convexo distributivo ℓ -subgrupo de G. Então, pelo teorema 6.7, I/D é um ℓ -subgrupo convexo distributivo em G/D .

Por outro lado, suponhamos que I/D é um subgrupo convexo distributivo ℓ de G. Para provar que I é um subgrupo convexo distributivo ℓ de G.

É suficiente provar

$$x \equiv y(\theta_I),\ x \le y \Rightarrow x \wedge z \equiv y \wedge z(\theta_I) \text{ para todos os } z.$$

Seja $\bar{x}$, $\bar{y}$, $\bar{z}$ a imagem homomórfica de x, y, z, respetivamente, sob o homomorfismo G para G/D .

$$x \equiv y(\theta_I),\ x \le y$$

$$\Leftrightarrow \bar{x} \equiv \bar{y}\left(\theta_{I/D}\right),\ \bar{x} \le \bar{y}$$

$$\Leftrightarrow \bar{x} \wedge \bar{z} \equiv \bar{y} \wedge \bar{z}\left(\theta_{I/D}\right),\ \bar{x} \wedge \bar{z} \le \bar{y} \wedge \bar{z}$$

$$\Leftrightarrow \left(\bar{x} \wedge \bar{z}\right) \wedge \bar{s} = \left(\bar{y} \wedge \bar{z}\right) \wedge \bar{s}$$

$$\left(\bar{x} \wedge \bar{z}\right) \vee \bar{t} = \left(\bar{y} \wedge \bar{z}\right) \vee \bar{t}$$

$$\left(\bar{x} \wedge \bar{z}\right) + \bar{u} = \left(\bar{y} \wedge \bar{z}\right) + \bar{u}$$

para $\bar{s}$, $\bar{t}$, $\bar{u}$ adequado em I/D .

$$\Leftrightarrow (x \wedge z) \wedge s = (y \wedge z) \wedge s$$

$$\Leftrightarrow (x \wedge z) \vee t = (y \wedge z) \vee t$$

$$\Leftrightarrow (x \wedge z) + u = (y \wedge z) + u$$

para s, t, u em I.

$$\Leftrightarrow x \wedge z \equiv y \wedge z(\theta_I)$$

Por conseguinte, I é um ℓ -subgrupo convexo distributivo em G.

A seguir para provar $G/I \cong (G/D)/(I/D)$

Definir $f: G \to (G/D)/(I/D)$ por

$$f(x) = \left[\bar{x}\right]\theta_{I/D} \text{ para todos os } x \text{ em } G.$$

Afirmamos que f é um homomorfismo onto bem - definido com $Ker\, f = I$.

***f* está bem definido :**

Suponha-se que $x = y$ em que x, y em $I \subset G$

$$\Rightarrow \bar{x} = \bar{y} \text{ em } I/D$$

$$\Rightarrow \left[\bar{x}\right]\theta_{I/D} = \left[\bar{y}\right]\theta_{I/D}$$

$$\Rightarrow f(x) = f(y)$$

$\therefore f$ está bem definido.

***f* é um homomorfismo :**

Sejam x, *y* em *G* arbitrários. Então

$$f(x+y)=\left[\overline{x+y}\right]\theta_{I/D}$$
$$=\left[\overline{x}+\overline{y}\right]\theta_{I/D}$$
$$=\left[\overline{x}\right]\theta_{I/D}+\left[\overline{y}\right]\theta_{I/D}$$
$$=f(x)+f(y)$$
$$f(x\vee y)=\left[\overline{x\vee y}\right]\theta_{I/D}$$
$$=\left[\overline{x}\vee\overline{y}\right]\theta_{I/D}$$
$$=\left[\overline{x}\right]\theta_{I/D}\vee\left[\overline{y}\right]\theta_{I/D}$$
$$=f(x)\vee f(y)$$
$$f(x\wedge y)=\left[\overline{x\wedge y}\right]\theta_{I/D}$$
$$=\left[\overline{x}\wedge\overline{y}\right]\theta_{I/D}$$
$$=\left[\overline{x}\right]\theta_{I/D}\wedge\left[\overline{y}\right]\theta_{I/D}$$
$$=f(x)\wedge f(y)$$

$\therefore f$ é um homomorfismo

***f* é onto :**

Deixe $\left[\overline{x}\right]\theta_{I|D}$ em $(G/D)/(I/D)$

Então *x* em *I* tal que $f(x)=\left[\overline{x}\right]\theta_{I/D}$

$\therefore f$ é para.

Tomar $Ker\, f=I$

Assim, pelo teorema do homomorfismo

$$G/I\cong(G/D)/(I/D)$$

Teorema 6.9: (Segundo Teorema do Isomorfismo)

Seja G um ℓ -grupo comutativo, D o ℓ -subgrupo convexo distributivo e I um ℓ -ideal de G tal que $I\cap D\neq\phi$. Então $I\cap D$ é um ℓ -subgrupo convexo distributivo de I e $\langle I,D\rangle/D\cong I/I\cap D$

Prova:

Dado que D é um ℓ -subgrupo convexo distributivo e I um ℓ -ideal arbitrário de G tal que $I \cap D \neq \phi$.

Para provar

(i) $I \cap D$ é um convexo distributivo ℓ -subgrupo de I.

(ii) $\langle I, D \rangle / D \cong I / I \cap D$

Para (i) :

É evidente que $I \cap D$ é um ℓ -subgrupo convexo de G. Basta provar que $I \cap D$ é distributivo. Sejam X e Y dois ℓ -subgrupos convexos de I.

$\Rightarrow X, Y$ são dois ℓ -subgrupos convexos de G.

Agora, $(D \cap I) \cap X = D \cap (I \cap X)$

$= D \cap X$, uma vez que $X \subseteq I$

$\neq \phi$

$(D \cap I) \cap Y = D \cap (I \cap Y)$

$= D \cap Y$

$\neq \phi$, uma vez que $Y \subseteq I$

Depois $\langle I \cap D, X \vee Y \rangle = \langle I \cap D, I \cap (X \vee Y) \rangle$

$= I \cap \langle D, X \vee Y \rangle$

$= I \cap (\langle D, X \rangle \vee \langle D, Y \rangle)$

$= I \cap (\langle D, X \rangle) \vee (I \cap \langle D, Y \rangle)$

$= \langle I \cap D, I \cap X \rangle \vee \langle I \cap D, I \cap Y \rangle$

$= \langle I \cap D, X \rangle \vee \langle I \cap D, Y \rangle$

$\langle I \cap D, X \wedge Y \rangle = \langle I \cap D, I \cap (X \wedge Y) \rangle$

$= I \cap \langle D, X \wedge Y \rangle$

$= (I \cap \langle D, X \rangle) \wedge (I \cap \langle D, Y \rangle)$

$= \langle I \cap D, I \cap X \rangle \wedge \langle I \cap D, I \cap Y \rangle$

$= \langle I \cap D, X \rangle \wedge \langle I \cap D, Y \rangle$

$\langle I \cap D, X + Y \rangle = \langle I \cap D, I \cap (X + Y) \rangle$

$= I \cap \langle D, X + Y \rangle$

$$= I \cap (\langle D, X\rangle + \langle D, Y\rangle)$$
$$= (I \cap \langle D, X\rangle) + (I \cap \langle D, Y\rangle)$$
$$= \langle I \cap D, I \cap X\rangle + \langle I \cap D, I \cap Y\rangle$$
$$= \langle I \cap D, X\rangle + \langle I \cap D, Y\rangle$$

Assim, $I \cap D$ é um ℓ -subgrupo convexo de G.

Para ii) :

Seja $f : I \rightarrow \langle I, D\rangle / D$ definido por $f(x) = [x]\theta_D$, para cada x em I.

Afirmamos então que f é um homomorfismo onto bem definido com $Ker\ f = I \cap D$.

***f* está bem definido :**

Seja $x = y$, onde x, y em I.

$$\Rightarrow [x]\theta_D = [y]\theta_D$$
$$\Rightarrow f(x) = f(y)$$

***f* é um homomorfismo:**

Sejam x, y em I arbitrários. Então

$$f(x+y) = [x+y]\theta_D$$
$$= [x]\theta_D + [y]\theta_D$$
$$= f(x) + f(y)$$
$$f(x \vee y) = [x \vee y]\theta_D$$
$$= [x]\theta_D \vee [y]\theta_D$$
$$= f(x) \vee f(y)$$
$$f(x \wedge y) = [x \wedge y]\theta_D$$
$$= [x]\theta_D \wedge [y]\theta_D$$
$$= f(x) \wedge f(y)$$

Por conseguinte, f é um homomorfismo.

***f* é onto :**

Selecione qualquer $[x]\theta_D$ em $\langle I, D\rangle / D$

$$\Rightarrow x \text{ em } I$$
$$\Rightarrow f(x) = [x]\theta_D$$

Por conseguinte, f é onto.

Reclamação ; $Ker\, f = I \cap D$

Dado que $I \cap D \neq \phi$ e $I \cap D$ é um subgrupo convexo distributivo ℓ

$$\Rightarrow Ker\, f = I \cap D$$

Assim, pelo teorema fundamental do homomorfismo

$$\langle I, D\rangle / D \cong I / I \cap D$$

BIBLIOGRAFIA

[1] Birkhoff, G., Neutral Elements in General Lattices, Bull. Amer. Math. Soc., 46 (1940), 702-705

[2] Birkhoff, G., Lattice Theory, Amer. Math. Soc. Colloq. Publ. XXV, Providance R.I., Terceira Edição, Terceira Impressão, 1979.

[3] Chellappa, B., Studies in Lattice Theory with special reference to Neutral convex sublattice. Tese de doutoramento, Universidade de Alagappa, Karaikudi, 1999.

[4] Fried, E., e Schimdt, E.T., Standard Sublattices, Algebra Universalis, 5 (1975), 203-211.

[5] Gratzer, G., Standard Ideals, Magyar. Tud. Akad. Mat. Fiz. Oszi. Kōzi, 9(1959), 81-97.

[6] Gratzer, G., A characterization of Neutral Elements in Lattices, Magyar, Tud. Akad. Mat. Kutato Int. Kōzi, 7(1962), 191 - 192.

[7] Gratzer, G., Teoria Geral das Redes, Academic Press Inc. 1978.

[8] GRATZER, G., and Schmidt, E.T, Standard Ideals in Lattices, Ata. Math. Acad. Sci, Hung. 12 (1961), 17- 86.

[9] GRATZER, G., and Schmidt, E.T, On Congruence Lattices of Lattices, Ata. Math. Acad. Sci, Hung. 13 (1962), 179- 185.

[10] Hashimoto, J., Ideal Theory for Lattices, Math. Japão, 2 (1952), 149 - 186.

[11] Hashimoto, J., e Kinugawa, S., On Neutral Elements in Lattices, Proc. Japan Acad., 39 (1963), 162-163.

[12] Iqbalunnisa, On Neutral Elements in Lattice, J. Indian Math. Soc., 28 (1964), 25 - 31.

[13] Iqbalunnisa, Lattice translate and congruences, J. Indian Math. Soc., Vol. 26 (1962), 81 - 96.

[14] Natarajan, R., Distributive convex sublattice Ata Ciencia Indica, Vol. XXX M, No.3, (2004) 527-532.

[15] Ore, O., On the Foundation of Abstract Algebra, Ann. of Math, 36 (1935), 406 - 437.

[16] Paulm. Cohn, Universal Algebra, D.Reidal Publishing Company, Holanda, 1981.

[17] Natarajan, R., and Vimala, J., Distributive ℓ -ideal in a commutative lattice ordered group, Ata Ciencia Indica, Vol.xxxiii M.No.2, 517-526 (2007).

[18] Natarajan, R., and Vimala, J., Standard ℓ -ideal in a commutative lattice ordered group, Ata Ciencia Indica.

[19] Natarajan, R., e Vimala, J., Distributive convex ℓ -subgroup, Ata Ciencia Indica, Vol.xxxiii M.No.4, 1765-1778 (2007).

Printed by Books on Demand GmbH, Norderstedt / Germany